中厚板外观缺陷的界定与分类

Identification and Classification of Plate Surface Defect

崔风平　孙　玮　等编著

北　京
冶　金　工　业　出　版　社
2012

内 容 提 要

本书结合现代中厚板生产技术的发展，以几十年的中厚板生产经验积累和研究为基础，参照热轧钢板有关标准和技术条件中相关的定义和描述，通过取自中厚钢板生产、加工、使用现场的大量外观缺陷图片和实例，广泛介绍了专业技术人员在解决中厚板材外观缺陷方面所取得的经验与成果，详细阐明了各类中厚钢板外观缺陷的特征、产生原因、分析方法和防止对策等。

本书中用于各类缺陷形态例证的照片有近350幅，直观性和可读性很强，具有较高的实用性、针对性和借鉴性，可供钢铁企业，特别是中厚板厂的技术人员和工人、管理人员使用，也可供中厚板加工使用单位、科研院所技术人员和大专院校有关专业师生参考。

图书在版编目(CIP)数据

中厚板外观缺陷的界定与分类 / 崔风平等编著. — 北京：冶金工业出版社，2012.1

ISBN 978-7-5024-5797-6

Ⅰ. ①中… Ⅱ. ①崔… Ⅲ. ①厚板轧制—表面缺陷—研究 ②中板轧制—表面缺陷—研究 Ⅳ. ①TG335.5

中国版本图书馆CIP数据核字(2011)第263633号

出 版 人 曹胜利
地 址 北京北河沿大街嵩祝院北巷39号，邮编100009
电 话 (010)64027926 电子信箱 yjcbs@cnmip.com.cn
责任编辑 卢 敏 李培禄 美术编辑 李 新 版式设计 彭子赫
责任校对 王永欣 责任印制 牛晓波
ISBN 978-7-5024-5797-6
北京盛通印刷股份有限公司印刷；冶金工业出版社出版发行；各地新华书店经销
2012年1月第1版，2012年1月第1次印刷
787mm×1092mm 1/16；14.25 印张；344 千字；212 页
150.00元

冶金工业出版社投稿电话：(010)64027932 投稿信箱：tougao@cnmip.com.cn
冶金工业出版社发行部 电话：(010)64044283 传真：(010)64027893
冶金书店 地址：北京东四西大街46号(100010) 电话：(010)65289081(兼传真)

《中厚板外观缺陷的界定与分类》
编 著 人 员

顾　　问　刘相华　王　军

名誉主编　薄　涛　苗　刚

主　　编　崔风平　孙　玮

副 主 编　赵　乾　刘彦春　房　柯　孙决定

编写人员　钱爱文　杨公本　张凤武　于秀琴

赵　坤　孙　秋　张　平　王　颖

时义祥　许方泉　张明国　崔善勇

王建刚　黄　楠　薛　岳

封面设计　崔　梦

序

读了这部期待已久的书稿之后，我的脑海中闪现出一个成语，叫做“散金拼玉”。继为我们留下深刻印象的《中厚板外观缺陷的种类、形态及成因》、《中厚板生产与质量控制》、《中厚板生产知识问答》等著作之后，本书是笔耕不缀的作者们在中厚板生产领域的又一部“散金拼玉”之作，我郑重地把本书推荐给我的同行——各位轧钢工作者，希望这部著作能够在越来越关注钢材质量，特别是注重钢材表面质量的新形势下，为我们提供可供参考的宝贵信息。

“散金拼玉”用来形容此书很贴切，“散金”是素材，“拼玉”是作者们整理、撰写的功夫和付出的努力。细细品味，里面还有着更为深刻的含义。

“散”是说本书的素材来自散落在轧钢生产与用户加工过程的第一手资料。这些零散的信息被像本书作者这样一批轧钢行业的有心人捕捉、记录、拍摄下来，成为不可多得的宝贵素材。特别是这里汇集了很多实物照片，把连铸和轧钢工序遇到的原料及产品缺陷较充分、较系统、较全面地展示给我们。

“金”是形容这些素材的珍贵，残缺其外，金玉其中。这些平时令操作工苦恼、让工程师头疼、使管理者着急的裂纹、夹杂、结疤、划伤等缺陷，在作者手中化腐朽为神奇，成为形态各异、分类明晰的图谱，正所谓“垃圾是放错了地方的宝贝”，缺憾中也蕴藏着深奥的哲理。毋庸置疑，展示缺陷是为了认识缺陷，收集缺陷是为了避免缺陷，就像给我们的质量监控系统注入疫苗，产生免疫作用一样。

“拼”折射出作者们辛勤的劳动和日积月累的功夫。据介绍，本书给出的这几百幅图片，是从日常质量管理过程中累积的上万幅取样照片中精选出来的。作者的摄影特长在这里找到了用武之地，高超的技巧把现实中的缺憾升华为科学的真、艺术的美。也许找到三二张孤立的缺陷照片并不难，可贵的是把精选的数百张照片分类整理，汇集成册，形成一部具有研究价值的宝贵资料。读者深入挖掘，从中不难发现能够帮助我们分析解决产品质量问题的答案或者佐证。

“玉”说的是本书成就，琢玉成器，炼字作书，功莫大焉。作者把这些宝贵的第一手资料无私地奉献出来，不仅使之成为“藏于名山、传之后世”的立言之作，更重要的是，希望这部著作能够成为“他山之石”，帮助我们攻克钢材质量难题，获得高质量钢材产品之“玉”。

本书完成于2011年，其产业背景是：2010年我国钢材产量增加到6.27亿吨，全行业的产能还远远不止于此；与此同时，钢铁销售收入的利润率下降到2.57%，处于全国工业领域的最低水平。这一增一降，把大多数钢铁企业推向艰难的日子。全行业总体进入微利时代，市场主动权转移到买方手中，这种现状近期内不会改变。“萝卜快了不洗泥”的时代一去不复返。用户越来越挑剔的眼光，逼迫我们把“质量第一、质量是企业的生命、质量一票否决权”等质量意识，切实落实到行动上。提高钢材生产线上每个操作者、管理者、责任者的素质，人人把好产品质量关，刻不容缓。

从这个意义上说，本书的出版是非常适时的。作者们在这个关键时刻把本书奉献给读者，为我们提供了认识、辨别、分类、界定各类钢材缺陷的翔实资料。相信本书在钢铁生产企业的质量管理中，将发挥越来越重要的作用。作者们撰写的前几部内容相近的著作在出版后大受欢迎，反映出业内人士对此领域的关注和对本书作者的信任与期待。他们不负众望，短期内又完成了这部涉及范围更宽泛、分析更深入、信息量更大的新著作，本人在赞赏之余，诚恳地把本书介绍给各位，希望它能够成为钢材质量相关人员随时翻阅的案头卷，帮助我们在质量分析与管理中少一分困惑、多一条答案。

衷心希望本书的出版能为提高我国中厚板产品质量起到积极作用，希望各位同行携起手来，通过不懈努力来不断提高我国轧制技术水平，适应我国钢铁企业发展重点从追求产量、规模向注重质量、效益的方向转变，在此过程中贡献出自己的点滴聪明才智。善不嫌小，聚则为多。

正所谓：不积细流，无以至江海，不积跬步，无以至千里。

“散金拼玉”是本书在具体知识之外蕴含着的哲理，是作者们在学识之外给我们走好工作、生活之路的启示，在向常年工作在生产现场的本书作者表达敬意的同时，这里愿以此句与我的同行，特别是年轻的同行们共勉。

东北大学　刘相华

2011年7月

前　言

近几年来，我国中厚板的生产规模有了大幅度的增长，中厚板的实际产能已超过了1500万吨。通过相关信息得知，我国中厚板的产量已与钢产量一样居世界首位。在中厚板生产规模大幅度提高的同时，新建中厚板厂从工艺布置、技术水平、生产装备等方面来看，都达到了国际先进水平，建厂较早的中厚板厂也基本完成了工艺线理顺、设备改造和技术升级，从而使我国中厚板的产量和质量有了同步提高，满足了用户对产品质量和用途日益提高的要求，拓宽了中厚板的应用领域和范围，已成为热轧钢材产量增长最快的产品。

中厚板作为重要的钢材品种，广泛应用于桥梁建筑结构、工程机械、锅炉压力容器、船舰制造、海洋平台、储油气罐、输油管线、高层建筑等国民经济各个行业和部门。随着中厚板品种的增多、应用领域和范围的扩大、生产技术水平的不断提高，中厚板在钢材中的生产比重呈上升趋势。现在用户在注重中厚板性能提高的同时，也更加关注钢板的尺寸精度和表面质量，“秀外慧中”已是钢板整体质量提升的标志。在很大程度上，钢板的表面质量对用户的选用和使用有着重要作用，如GB8923—1988标准中，对钢板表面涂装前的锈蚀等级和除锈方法作了明确规定，如果在给用户提供钢板时就能充分保证表面的高质量，无锈点、划痕、麻点、夹杂、折叠等表面缺陷，将给用户储存和使用过程中的除锈等方面带来很大的便利，大大降低用户的使用成本。

钢板表面质量的控制和提高，与钢板表面的质量检查、判定有着直接的关系，快速、准确、科学的界定和判定表面缺陷，是质量改进最前端的信息，是质量改进的抓手。从现有的条件来看，目前和今后一段时期内钢板外观质量最有效的检查和判定方法还是有经验人员的现场观测。虽然有的厂已经采用对钢板摄像或拍照合成图像系统对钢板表面进行观测和判定，但它也是在借助人工搜集各类缺陷图谱的基础上进行标定和数字化处理后形成图像数据库，对所拍摄的图像进行相似性对比和确认。由于多种因素的制约，目前钢板摄像或拍照合成图像系统仅是一种辅助检查方法。

钢板缺陷的界定与分类是一项严谨细致的工作，既要尊重传统的分类方法，又要符合有关标准已有的定义，还要反映出钢种数量增多和生产方式多样化后新缺陷的产生和形态的变化。因此，缺陷分类应立足于缺陷实物系统、科学的分析和证物的关联，以热轧钢板有关技术标准和技术条件中相关的定义和描述为依据，着重结合近年来钢种数量增多和生产方式多样化后，缺陷发生的实际形态和特征相对应地进行界定和描述。

本书的编著者密切关注了近几年中厚板领域随着新钢种开发、新产线投产、新工艺应用而出现的各种质量问题，认真听取和采纳一些学者、专家、生产一线质量工作者和用户的建议，对各类中厚板外观缺陷进行了广泛性和针对性的实物采集和分析。在缺陷的收集和分析方面，一是密切关注生产线上实物质量的变化，协调有关方面及时采集特征明显的缺陷；二是发挥基层质检人员和技术人员的作用，请他们将缺陷的钢板的动态判定等信息及时收集与沟通；三是请中厚板厂处理质量异议方面的专家给予支持，对他们提供的近几年处理质量异议的处置报告（带有现场勘验和缺陷照片）等资料进行了研究；四是获得了其他厂家的支持，采用了部分典型外观缺陷照片。

另外，本书对各类外观缺陷的成因、评定、影响及防止措施等都做了详细阐述，一方面在缺陷形成的关联性方面做了大量的工作，尽可能多地提供了导致钢板缺陷发生的坯料原始缺陷状态、工艺流程上相关设备的不良状态，力求加强在各类缺陷成因分析上的直观性；另一方面随着中厚板钢种数量增多和生产方式的多样化，相同（似）缺陷发生成因尽管有很大程度的共性，但在进一步分析上有的也有各自的特点，对此，编者结合实验研究和有关文献对缺陷成因等方面进行了有针对性的分析，使缺陷形态图片与文字描述相互对应，增加了本书的可读性和参考性。

本书的编写立足于我国中厚板生产的实际情况，以连铸坯生产钢板为例，对钢板表面缺陷种类、形态、产生的原因等给予了介绍和分析。随着今后钢种数量增多和生产方式的多样化，钢板外观缺陷的形态也将不断地增加和改变，需要不断地补充和丰富，本书将适时做进一步的补充，欢迎和感谢读者提供宝贵意见和建议。

限于编著者水平，书中不足之处望读者批评指正，编者将不胜感激。

编著者
2011年6月

目　　录

缺陷名称定义简要说明

在本书中，缺陷的定义、分类主要以热轧钢板有关技术标准和技术条件中相关的定义和描述为依据，同时结合近年来钢种数量增多和生产方式多样化出现的新问题，以缺陷发生的实际形态和特征相对应地进行制定和描述。

为了便于读者和有关人员的使用和参考，我们尽可能将各类缺陷的名称与中厚板多年生产中检验判定的习惯相一致。缺陷基本上按其在生产流程中出现的顺序进行排列，缺陷描述按照形态、特征、图例、具体尺寸、轧制方向等方法表示。

本书中，各类缺陷的形貌、形态和成因机理的分析、对钢板判定影响的评估，仅限于书中所列举样品的实物，并参考和借鉴了部分已发表的文献。读者可能在阅读某些内容时感觉与自己了解和掌握的情况或多或少有所差异，这是由于本书采样有一定的局限性和特定条件所致，望请见谅。

1 过热 overheat

特征：钢板表面呈现大面积连续的或不连续的蓝灰色粗糙麻面或鳞片状翘皮，如图1-1～图1-3所示。钢板表面常伴随出现龟裂纹、网状裂纹、麻点、氧化铁皮压入等表面缺陷，如图1-4～图1-6所示。通常表面会出现大面积较厚氧化铁皮，有的钢板出现一定深度的脱碳层，内部晶粒组织粗大，并伴有魏氏组织出现，如图1-7、图1-8所示。

成因：产生过热缺陷的主要原因是加热温度和保温时间等加热制度控制不当，如果钢坯在加热炉高温段停留时间较长或加热温度过高，会导致钢坯原始奥氏体晶粒过分长大，而且易在晶界上形成硫化物、碳化物等第二相粒子的沉淀偏聚，使得晶界变脆，在轧制过程中的应力作用下，沿晶界出现裂纹，随钢板延伸扩展成龟裂纹或网状裂纹。

当钢坯加热温度过高或炉内氧化性气氛过强时，奥氏体晶粒除了过分长大外，还使偏析、夹杂富集的晶界发生氧化和熔化，使得晶界弱化，这种严重过热的现象也称为过烧。特别是板坯的棱角由于受热面积较大，受热多，这些地方最容易发生过烧。在轧制时过烧钢板经受不住应力作用，往往发生碎裂或崩裂，会在钢板表面呈现蓝灰色粗糙麻面或鳞片状翘皮。

过热一般伴随着钢坯表面产生较厚的氧化铁皮，当后续轧制除鳞过程未完全消除时，就易在钢板表面产生麻点、氧化铁皮残留等表面缺陷。

影响：钢坯过热，增加钢板的氧化烧损，降低钢材成材率，增大钢板表面的粗糙度和出现麻点、裂纹等表面缺陷的几率。产生过热缺陷的钢板一般都会产生粗大的晶粒组织，如低碳钢板过热之后往往出现魏氏组织，将严重降低钢板力学性能和加工性能，尤其是塑韧性恶化；过热还影响材料的疲劳强度和断裂韧度，特别是严重过热时，将使疲劳强度和断裂韧度下降较大。过热钢板在加工使用过程中易在钢板表面形成不规则、深度较浅的裂纹，对钢板的质量有致命的影响。发生过热的钢，如不严重则可经过热处理恢复性能；严重过热（过烧）的钢，则无法挽救。

预防：

(1) 根据钢的化学成分及坯料形状、尺寸，制订正确的加热制度和停轧降温制度并严格执行；

(2) 控制炉内气氛，在保证燃料完全燃烧的前提下，控制适当的空气消耗系数，尽量减少过剩的空气量，降低炉内自由氧的浓度，采取微正压控制，特别是出料口附近要采取措施，避免吸入大量冷空气；

(3) 避免火焰长时间对钢坯直接烧蚀，以防钢料局部过热和过烧；

(4) 加热前对钢坯表面裂纹、夹杂、结疤等缺陷清理干净，以改善表面质量，降低钢板的过热敏感性。

图1-1　坯料过热导致的粗糙麻面或鳞片状翘皮之一

图1-2　坯料过热导致的粗糙麻面或鳞片状翘皮之二

图1-3　坯料过热导致的粗糙麻面或鳞片状翘皮之三

图1-4　坯料过热导致钢板表面龟裂纹

图1-5　坯料过热导致钢板表面网裂纹

图1-6 坯料过热导致钢板表面麻点

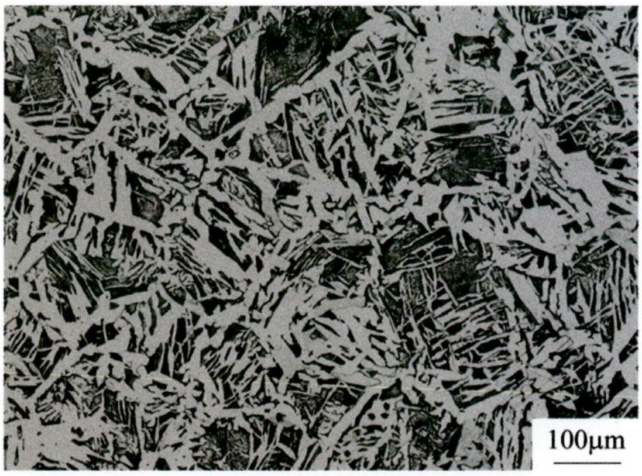

图1-7 过热组织—魏氏组织

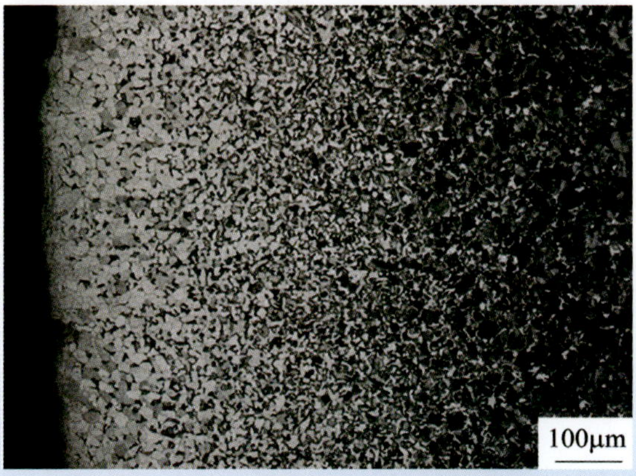

图1-8 过热组织—脱碳组织

2　麻点 pockmark

麻点是一种对钢板表面质量影响较多的缺陷，表现为钢板表面形成凹坑或不平的粗糙面，多连续成片，也有局部点状或呈周期性分布。根据麻点生成的时期和条件不同，可将麻点分为一次氧化铁皮麻点、次生氧化铁皮麻点、腐蚀麻点等。

图2-1、图2-2为船板表面在大面积麻点清理中和清理后的情形。

图2-1　船板表面大面积麻点修磨清理中

图2-2 船板表面大面积麻点修磨清理后

2.1 一次氧化铁皮麻点 original oxide scale pockmark

加热时，板坯表面上生成的氧化铁皮称为一次氧化铁皮。一般碳钢生成的氧化铁皮分为三层。最上面为呈红色的三氧化二铁（Fe_2O_3），中间一层为呈黑色的四氧化三铁（Fe_3O_4），最里面的一层为呈蓝色的氧化亚铁（FeO）。合金钢的氧化铁皮除含氧化铁外，还含有不同数量的合金元素氧化物，如含Cr、Ni等的钢种，易在钢坯表面生成稳定的氧化膜，难以去除。

特征：在钢板表面形成连续或片状分布的粗糙面或深浅不同、形状各异的小凹坑或凹痕，一般钢板上、下表面均存在，下表面出现的几率较大。实例见图2-3～图2-11，其中图2-4、图2-10和图2-11为抛丸后形成的图片。

成因：钢坯加热时产生的一次氧化铁皮，在随后的除鳞等工序中未及时清理干净，在轧制过程中被压入钢板本体，由于氧化铁皮和钢板本体冷却收缩系数不同，在受到振动或喷丸等过程中易脱落，从而在钢板表面留下大小不一、形状各异、深浅不同的小凹坑或凹痕，由于受轧制过程中钢板延伸变形的影响，总体上看像搓板的形状。

值得注意的是，由过热造成的局部过度氧化，出现较厚的氧化铁皮，这在一定程度上与钢坯表面质量有较大的关系，在钢坯表面存有夹杂、结疤、小裂纹、重皮、皮下气泡暴露、振痕过深、振痕凹底夹渣等缺陷部位对过热有较强的敏感性，会加剧过热的氧化现象，易出现较难清理的一次氧化铁皮形成的麻点缺陷。

对于含Cr、Ni等元素的合金钢，加热时在钢板表面形成致密的咬合层，层内基体金属（主要是Cr、Ni氧化物）与氧化铁皮致密地交织在一起，要想完全去除氧化铁皮，必须同时去除氧化铁皮内的基体，而基体强韧性好，难以去除干净，轧制时易形成表面氧化铁皮麻点。

影响：由于炉生氧化铁皮厚度约为0.5～3mm，其形成的凹坑或凹痕一般深度较大，除部分能够通过修磨清理后不超过相应标准要求而不影响使用外，很多都难以挽救，对钢板危害较大，而且这种缺陷往往面积较大，修磨劳动量较大。

预防：

(1) 按坯料规格及钢种合理控制加热制度和停轧待温制度，防止生成过厚氧化铁皮和钢板过热。

(2) 在加热过程中，氧化铁皮的生成是不可避免的。既要控制其生成量，又要控制其剥离性。当加热使用氧化性气氛时，板坯铁皮烧损大，轧制除鳞时铁皮容易去除；当使用还原性气氛时，铁皮薄且少，但不易去除，影响板坯表面质量。结合这两个因素，应当在第一加热段、第二加热段采用弱还原性气氛，均热段采用弱氧化性气氛，这样铁皮容易剥离。预热段炉温较低，板坯表面温度也低，氧化烧损很少，因此，预热段可采用弱氧化性气氛。

（3）提高除鳞效果，钢坯出炉后快速送到除鳞箱进行除鳞，在高温时除鳞有利于一次氧化铁皮的去除；保证高压水压力、流量，合理调整喷嘴角度、除鳞次数，确保一次除鳞效果。

（4）对表面质量不佳、表面较为粗糙并有缺陷的坯料需进行必要的清理，以防止或减少加热时，高温氧化炉气在粗糙及缺陷的区域过度氧化，形成不易清理的较厚氧化铁皮。

（5）对于含有高Cr、Ni等元素的合金钢，除了对加热制度、除鳞工艺优化控制外，还可以在对铸坯表面进行清理后采取涂装防氧化涂层的方式来防止炉生氧化铁皮的产生。

图 2-3 典型连续片状一次氧化铁皮麻点之一

图 2-4 典型连续片状一次氧化铁皮麻点之二（抛丸后）

图 2-5 典型连续片状一次氧化铁皮麻点之三

图 2–6　典型连续片状一次氧化铁皮麻点之四

图 2–7　典型连续片状一次氧化铁皮麻点之五

图2-8　一次氧化铁皮脱落引起的点状麻点

图2-9　一次氧化铁皮脱落引起的片状麻点之一

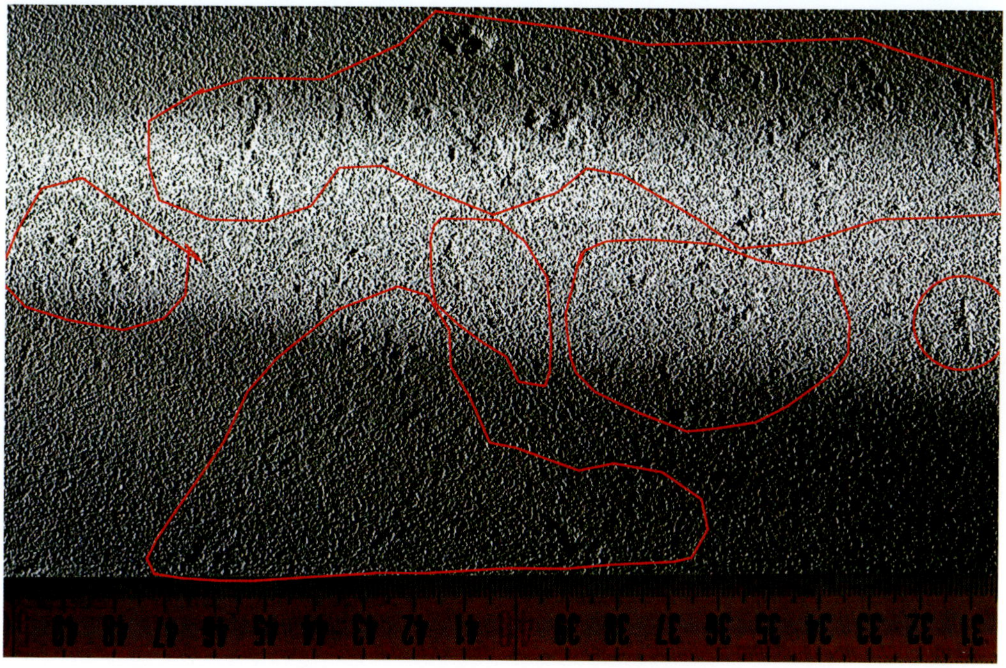

图 2-10　一次氧化铁皮脱落引起的片状麻点之二（抛丸后）

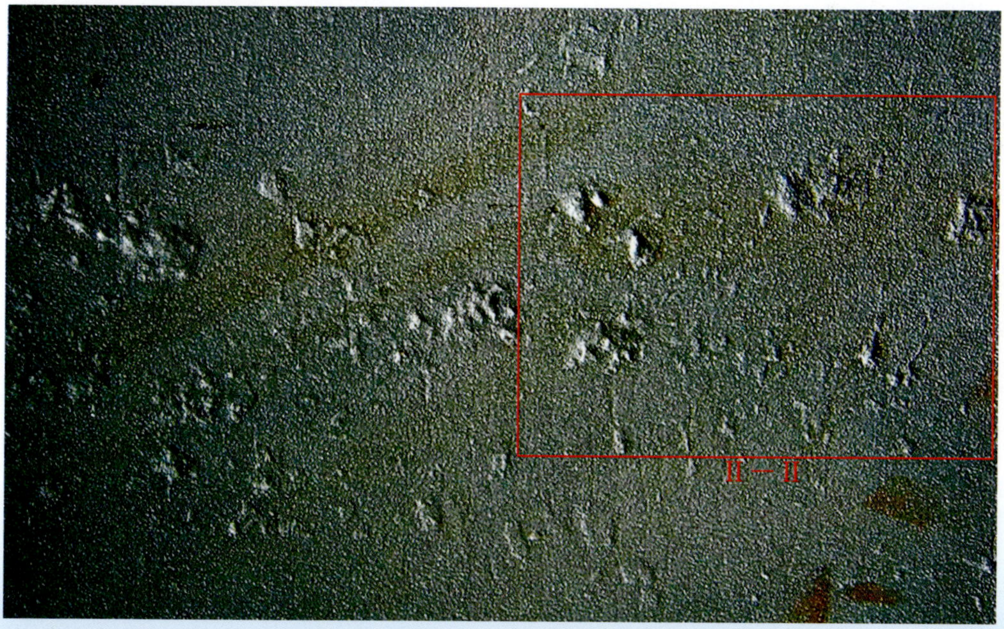

图 2-11　一次氧化铁皮脱落引起的片状麻点之三（抛丸后）

2.2 次生氧化铁皮麻点 second oxide scale pockmark

轧制及轧后冷却等过程中，表面原有氧化铁皮脱落，热金属表面又和水、空气接触，产生了新的氧化铁皮，叫次生氧化铁皮。

特征：形成麻点的凹坑多呈点状不连续分布，凹坑深度较浅，其表面、覆盖物的颜色和周围氧化铁皮的颜色相同，有的凹坑内覆盖物已掉落，有的仍存在，覆盖物为细碎的氧化铁皮。在某些凹坑周围出现高点，环绕着这个麻坑。在同一张钢板上，麻坑缺陷有时一侧有而另一侧没有或整张钢板表面都存在麻坑；在钢板上氧化铁皮脱落的区域能够发现麻坑缺陷，而表面氧化铁皮不脱落区域没有麻坑缺陷。实例见图2-12～图2-16。

成因：

(1) 轧制过程中形成的次生氧化铁皮未及时清除干净，压入钢板后脱落形成麻点；

(2) 终轧温度较高时，轧件在高温下形成较厚的氧化铁皮，而由于铁氧化的不均匀性，该氧化铁皮脱落后，形成高低不平的粗糙面；

(3) 直焰式热处理钢板会生成较厚的氧化铁皮，脱落后形成高低不平的粗糙面；

(4) 有时钢板表面喷丸处理不彻底，带有氧化铁皮的钢板在热处理炉受热形成黏结性较强且变厚的氧化铁皮，在表面喷丸处理后形成新的麻点；

(5) 在钢板多道次矫直过程中，表面次生氧化铁皮受力后脱落，脱落的氧化铁皮在冷却水、表面吹扫气的作用下形成小范围堆积，钢板再次矫直时堆积的氧化铁皮压入钢板形成麻点；

(6) 矫直前钢板表面氧化铁皮脱落后，经过矫直也会产生此类缺陷。

影响：对钢板表面质量的影响程度取决于麻坑在钢板表面的深度及范围，一般情况下二次氧化铁皮越厚，压入的麻坑深度越深，面积越大，钢板改判的危险性越大。

预防：

(1) 减少轧制过程中的待轧时间，减小二次氧化铁皮的厚度，待温时间较长的中间坯料，可视具体情况增加一到两次待温过程中的机架除鳞；

(2) 保证机架除鳞时的高压水压力、流量，调整好喷嘴角度，增加除鳞道次，确保除鳞效果；

(3) 对轧后的钢板要进行快速水冷，减少钢板在高温段的时间；

(4) 合理设置矫直机压下量和调整矫直机水平，保证在矫直过程中二次氧化铁皮不脱落，对需要冷矫钢板要进行表面抛丸处理。

图2-12 典型次生氧化铁皮麻点之一（氧化铁皮未脱落）

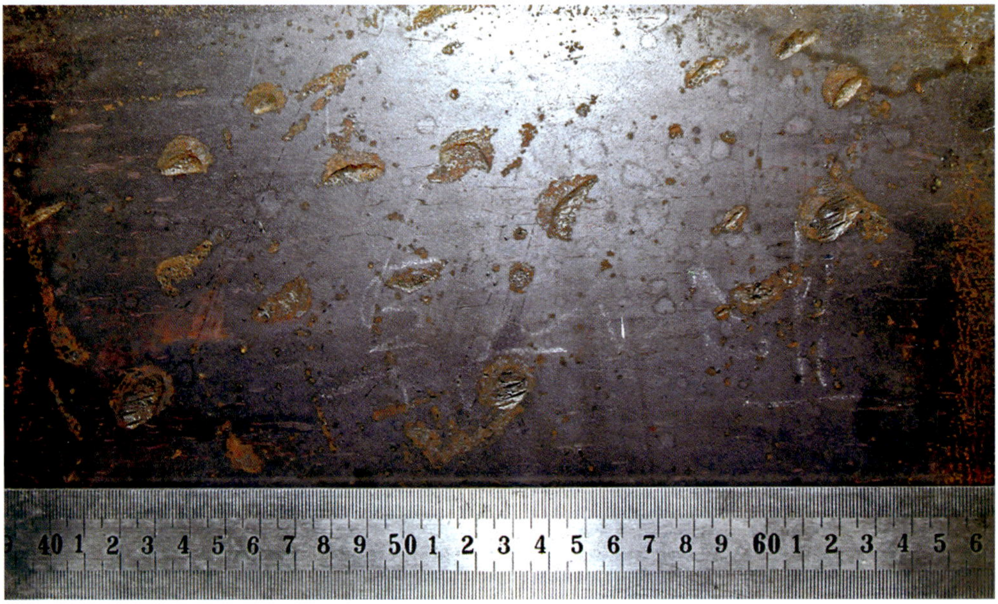

图2-13　典型次生氧化铁皮麻点之二（氧化铁皮脱落）

图2-14　典型次生氧化铁皮麻点之三（氧化铁皮脱落）

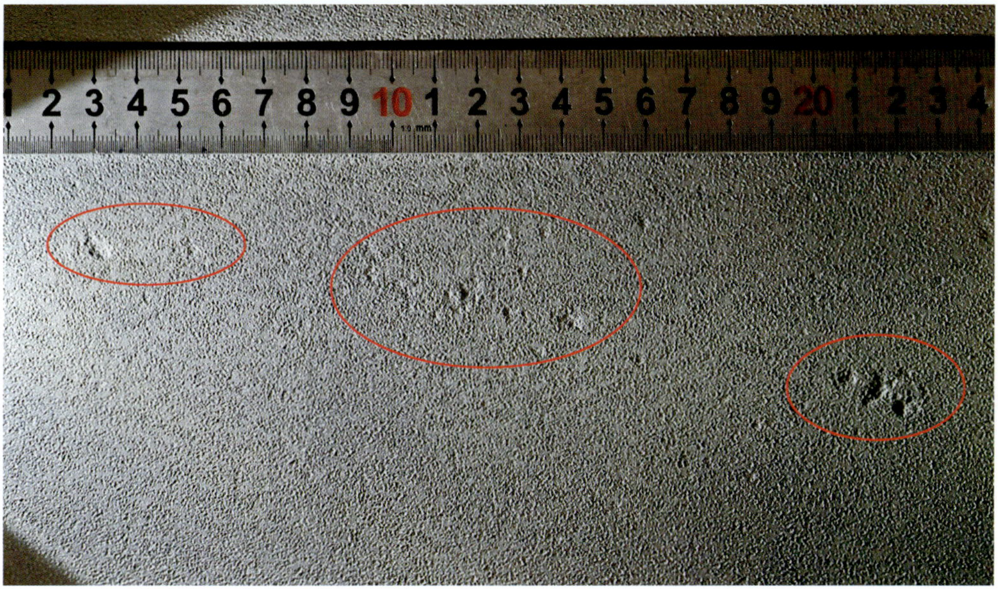

图2-15　典型次生氧化铁皮麻点之四（抛丸后）

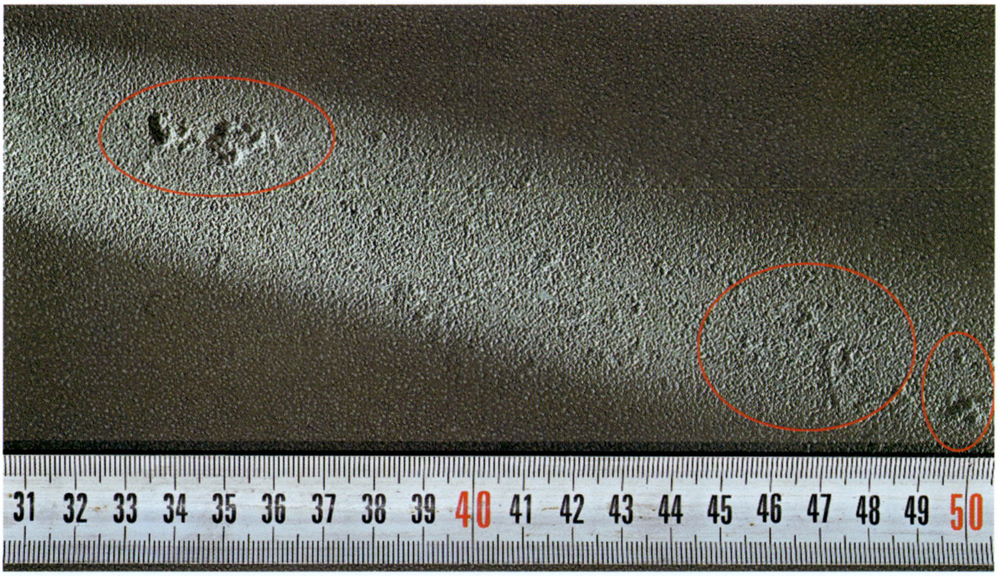

图2-16　钢板表面抛丸后形成的次生氧化铁皮麻点

2.3 腐蚀麻点 erode pockmark

特征：在整个钢板板面或局部出现红棕色铁锈或条状或斑状的不规则痕迹形态，其严重程度与钢板表面的原始形态及所处的储存环境条件和时间有关。

成因：钢板在运输、储存过程中，铁在空气中氧化锈蚀和在水或水蒸气作用下电化腐蚀形成麻坑；钢坯加热过程中煤气中的焦油喷射或燃烧的气体腐蚀，也会形成焦油麻点或气体腐蚀麻点。

影响：其腐蚀的严重程度与钢板储存的时间和环境有关。空气越潮湿或有水溶液时，铁腐蚀越快。存在较严重麻点缺陷的钢板长时间露天存放，或在潮湿的环境下存放，尤其是在沿海船厂的存放很容易引起钢板表面的电化学腐蚀，由此扩展和加剧了缺陷的影响程度，经喷丸处理后，会在钢板表面呈现出图2-17～图2-22那样的条状、点状或斑状的痕迹形态。

预防：

(1) 对钢板表面氧化铁皮或铁锈的清除一定要彻底，避免钢板表面存有局部或散落的氧化铁皮或铁锈，防止其在潮湿条件下形成电化学腐蚀的电极。

(2) 钢板应保存在干燥、非酸碱性环境中。铁锈疏松多孔很容易吸水，所以一旦钢板生锈应立即清除，否则会加速钢板的腐蚀。

(3) 经氧化铁皮或铁锈清除的钢板要尽快投料使用，暂时不用的要进行防锈漆的喷涂保护。

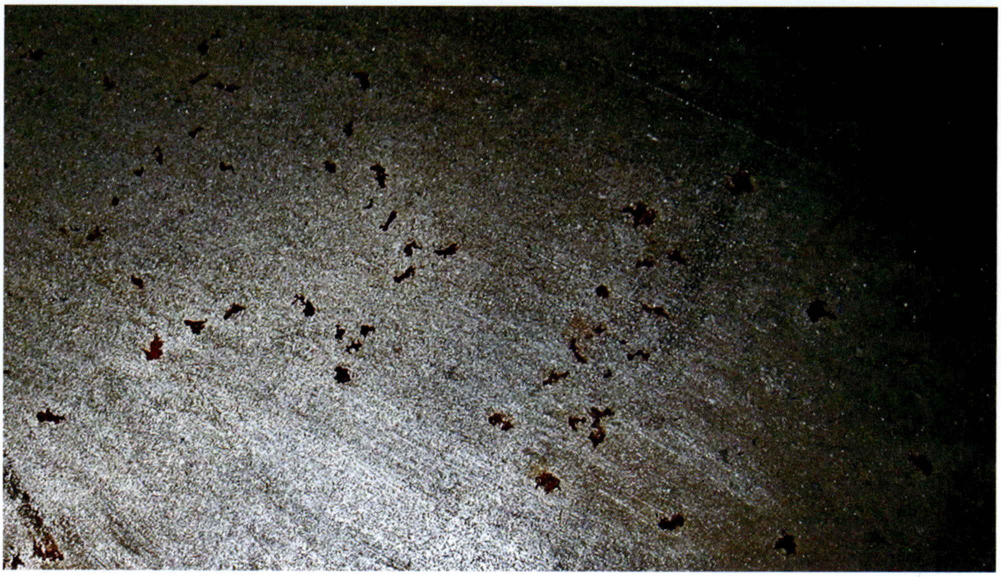

图2-17 钢板表面残留氧化铁皮导致的腐蚀麻点之一

图2-18 钢板表面残留氧化铁皮导致的腐蚀麻点之二

图2-19　钢板表面电化学腐蚀并经抛丸处理后显示的条状麻点

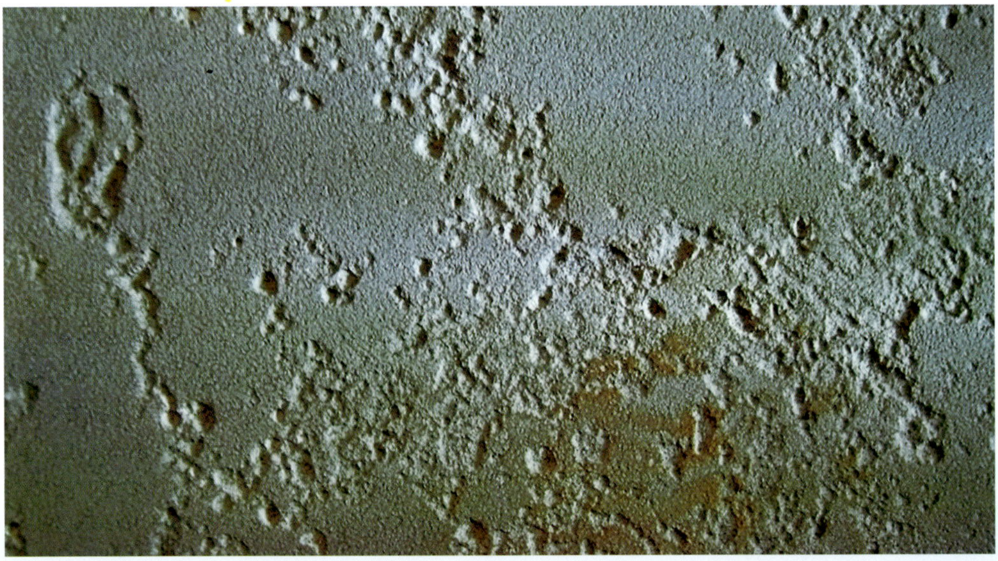

图2-20　钢板表面电化学腐蚀并经抛丸处理后显示的片状麻点

图2-21　钢板表面电化学腐蚀并经抛丸处理后显示的斑点状麻点之一

图2-22　钢板表面电化学腐蚀并经抛丸处理后显示的斑点状麻点之二

3 氧化铁皮压入 rolled-in scale

特征：钢板表面压入的氧化铁皮可分为一次氧化铁皮和二次氧化铁皮，依压入氧化铁皮种类的不同，压入深度有深有浅，其分布面积有大有小，多数呈块状或条状；钢板表面所呈现颜色也各不相同，有的钢板表面全部是青色、蓝灰色，有的全部是红色，有的呈青红相间分布。实例见图3-1～图3-11。其中图3-1～图3-3为钢板表面压入的原始形态；图3-4为钢板表面喷丸处理后，仍残留在钢板表面的氧化铁皮；图3-5～图3-11为钢板表面经喷丸处理、氧化铁皮完全脱落后，形成较大面积的痕迹，其中图3-8～图3-11所示的条形或片状的“花斑”压入的痕迹尤为明显。

成因：

（1）加热时间过长，使得钢坯表面形成的氧化铁皮太厚而不易清除；

（2）在轧制前，由于高压水压力不足或其他方面的原因，钢坯表面氧化铁皮未能得到有效的清理，造成钢坯在轧制过程中部分较厚或附着力较强的氧化铁皮呈片状或块状压入钢板本体；

（3）有些钢种在轧制中有停留较长时间的待温控轧，易在钢板表面形成附着力较强的二次氧化铁皮，再轧制时由于机架高压水清理不彻底，也会造成二次氧化铁皮的压入；

（4）合金钢的氧化铁皮除含氧化铁外，还含有不同数量的合金元素氧化物，如含Cr、Ni等的钢种，易在钢坯表面生成稳定的氧化膜，难以去除，易形成氧化铁皮压入缺陷。

影响：氧化铁皮在钢板表面的压入深度和分布区域，通常情况下影响不如麻点。修磨后，一般不影响钢板的使用。对于蓝灰色、红色的二次氧化铁皮，其厚度在0.05～0.1mm左右，对钢材加工变形后的表面质量会产生影响；青红相间的二次氧化铁皮由于厚度不同，在用户抛丸处理后红色二次氧化铁皮的部分光洁性差，抗氧化能力较弱，不能满足船板等高表面质量钢板用户的要求。

预防：

（1）制定合理的加热制度，控制加热速度、加热时间和炉内气氛，防止出现过厚的氧化铁皮；

（2）确保坯料的除鳞压力，采用上喷嘴可以调节的除鳞箱，实现上喷嘴距钢坯上表面的间距能按照坯料厚度进行调节，合理调整喷嘴角度，保证除鳞压力的要求；

（3）适当增加机架间的除鳞道次，发现条状的不均的颜色时，要停机检查机架除鳞箱，及时更换堵塞或磨损的喷嘴；

（4）对轧制长度较长的钢板，要保持好整个轧制期间的高压口水流量和压力的要求，避免除鳞过程出口压力的降低；

（5）对含高Cr、Ni等元素的合金钢，铸坯表面清理后涂装防氧化涂层，防止氧化铁皮的产生。

图3-1　典型钢板表面氧化铁皮压入原始形态之一

图 3-2　典型钢板表面氧化铁皮压入原始形态之二

图 3-3　典型钢板表面氧化铁皮压入原始形态之三

图 3-4　抛丸后残留钢板表面的压入氧化铁皮形态

图 3-5　抛丸后钢板表面压入氧化铁皮脱落后形态之一

图3-6　抛丸后钢板表面压入氧化铁皮脱落后形态之二

图3-7　典型钢板表面压入氧化铁皮抛丸后形态之一

图 3-8 典型钢板表面压入氧化铁皮抛丸后形态之二

图 3-9 典型钢板表面压入氧化铁皮抛丸后形态之三

图 3-10　典型钢板表面压入氧化铁皮抛丸后形态之四

图 3-11　典型钢板表面压入氧化铁皮抛丸后形态之五

4　表面夹杂（渣）　inclusion/lard

表面夹杂(渣)是钢板本体内嵌入或压入非本体异物的统称，分非金属夹杂、金属夹杂和混合夹杂三大类。

4.1　非金属夹杂 non-metallic inclusion/nonmetal lard

特征：不具有金属性质的氧化物、硫化物、硅酸盐和氮化物等嵌入钢板本体并显露于钢板表面的点状、片状或条状缺陷。

成因：

（1）炼钢过程中脱氧剂加入后形成的脱氧化合物，在凝固过程中来不及浮出、排除而残留于钢坯中，如使用硅铝钡脱氧时，铝被氧化生成细小的链状Al_2O_3颗粒，Al_2O_3夹杂在钢中呈群簇状，上浮速度慢，易残留在钢液中，在轧制过程中暴露于钢板表面，轧制钢板越薄，越容易暴露，产生几率也就越大；

（2）炼钢中间包、钢包等的耐火材料崩裂，脱落后进入钢水，并随钢水注入钢坯，轧制后暴露于钢板表面；

（3）由于连铸过程中结晶器液面波动过大、浇注速度不稳定，中间包水口不对中或插入深度不合适、渣圈清理不及时、捞渣不及时等造成保护渣随钢液卷入结晶器内，在钢坯和坯壳之间形成渣钢混合物，轧制后暴露于钢板表面；

（4）钢坯在加热炉内加热时，加热炉耐火材料崩裂落到钢坯表面，轧制时压入钢板。

预防：

（1）通过炼钢工艺控制(转炉终点控制、吹氩时间、脱氧剂种类、更换大包和水口的时间等)和在耐火材料上加强管理，以获得洁净的钢水，从而减少夹杂生成量和促进夹杂物的上浮；

（2）连铸过程中保证液面稳定，针对不同钢种选用合适的保护渣，并且

Al_2O_3原始含量应小于10%，同时控制一定厚度的液渣层，保证合适的浇注温度、合适的浸入式水口深度、合适的拉速、规范连铸操作等控制手段，减少连铸时坯料的表面卷渣。

(3) 开浇时，钢水散热快，钢水温度下降快，同时液面波动较大，更容易在开浇坯上产生夹渣，因此要控制中间包温度精度，避免过热度过低。

4.1.1 褐色非金属夹杂（“红锈”）brown non-metallic inclusion (red rust)

特征：嵌入钢板本体内的显露于钢板表面的点状、片状或条状的褐色或红褐色非金属物质。实例见图4-1～图4-4。

成因：

(1) 二次氧化铁皮没有被完全清除时，热轧后钢板温度在900℃以下的空气中水冷，也易形成红色氧化铁皮；

(2) 薄规格钢板由于降温比较快，形成的红色氧化铁皮较多，红锈较明显；厚规格钢板降温慢，形成的红色氧化铁皮较少；

(3) 钢板表面存在着纵向红锈条纹钢坯在进行除鳞时，没有正对喷嘴的部分压力相对不足，除鳞不彻底，留下一条薄薄的氧化铁皮条纹，经过精轧过程的水冷氧化，易形成纵向条状红色氧化铁皮条纹。

影响：此类夹杂有时易在钢板表面形成面积较大的条形压入，但压入的深度通常较浅，容易清理，基本不影响钢板使用，但对钢板的表面粗糙度有较大的影响。

预防：

(1) 加强对如炉前坯料表面的检查和清理，防止表面质量异常的入炉，避免加热过程中坯料表面落物形成的粘附，确保一次氧化铁皮彻底清除，有效地避免二次氧化铁皮形成，合理地进行轧制过程的二次除鳞；

(2) 控制好终轧温度，避免过低温度轧制，及时清除钢板表面上的残留水；

（3）降低钢种硅含量，可以对氧化铁皮的性质和结构进行控制，从而避免红锈产生。

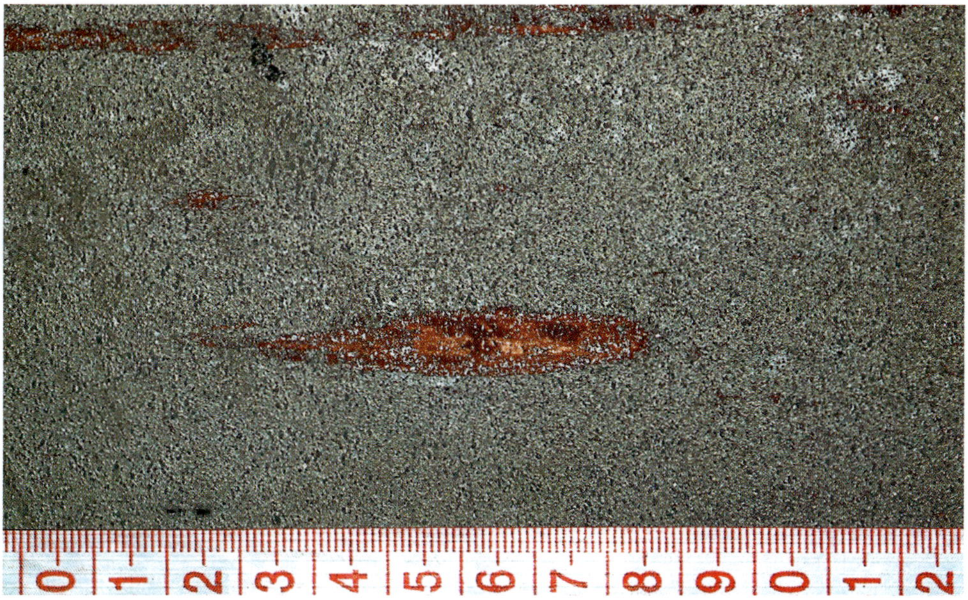

图4-1　嵌入钢板本体的条状褐色非金属夹杂

图4-2　嵌入钢板本体的条片状褐色非金属夹杂之一

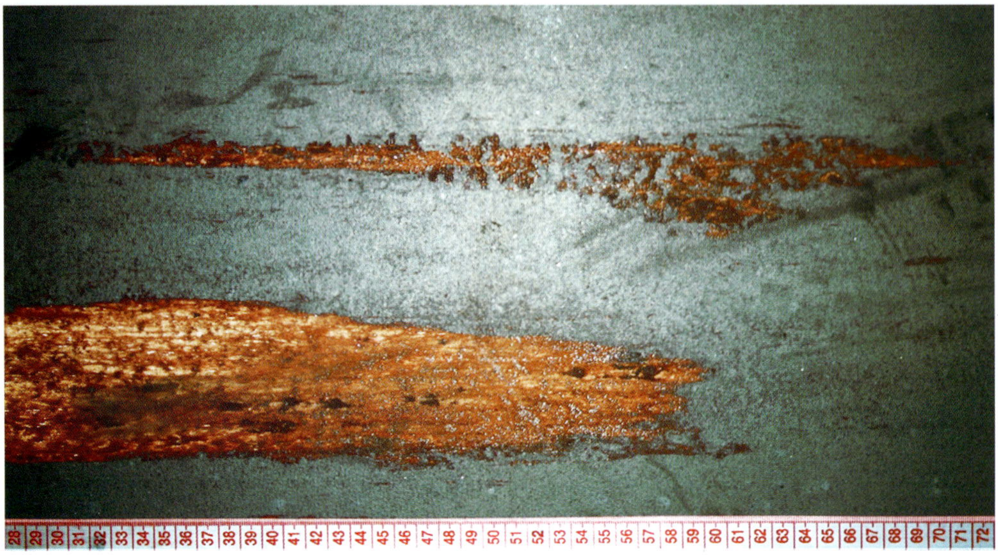

图4-3 嵌入钢板本体的条片状褐色非金属夹杂之二

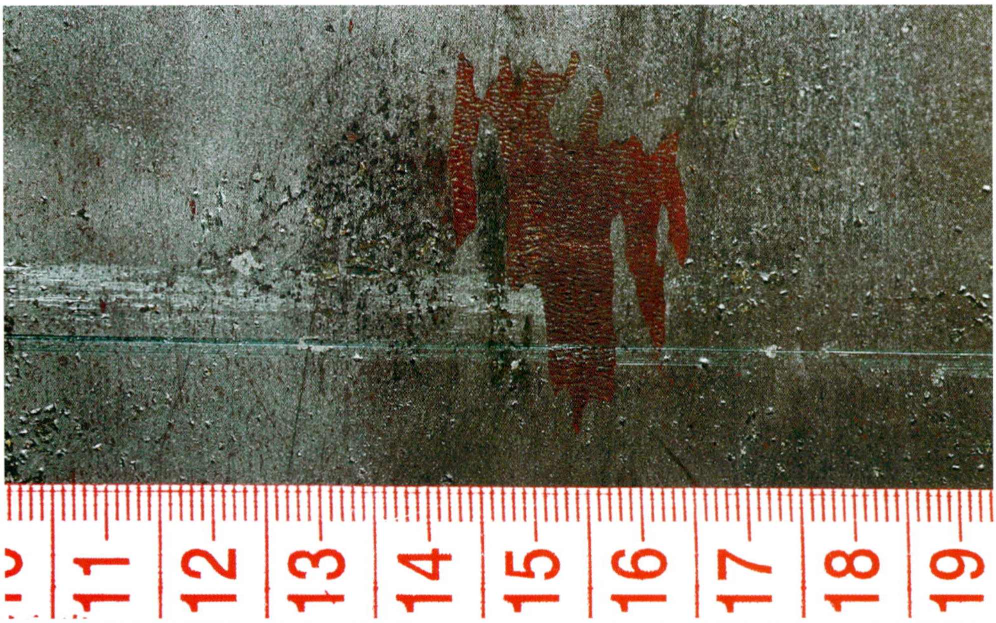

图4-4 嵌入钢板本体的点片状褐色非金属夹杂

4.1.2 白色非金属夹杂 white non-metallic inclusion

特征：在钢板表面有嵌入钢板本体的显露于钢板表面的点状、片状或条状的非金属物质，微观形态为白色或灰白色的岩相组织。实例见图4-5～图4-8。

影响：白色非金属夹杂有时易在钢板表面形成面积较大的条形压入，但压入的深度通常较浅，容易清理，基本不影响钢板使用。有时因较严重的“水口”侵蚀或剥落而产生的大型夹杂会造成钢板的判废，如图4-5所示。

图4-5 嵌入钢板本体的片状白色非金属夹杂之一

图 4-6　嵌入钢板本体的片状白色非金属夹杂之二

图 4-7　嵌入钢板本体的点状白色非金属夹杂

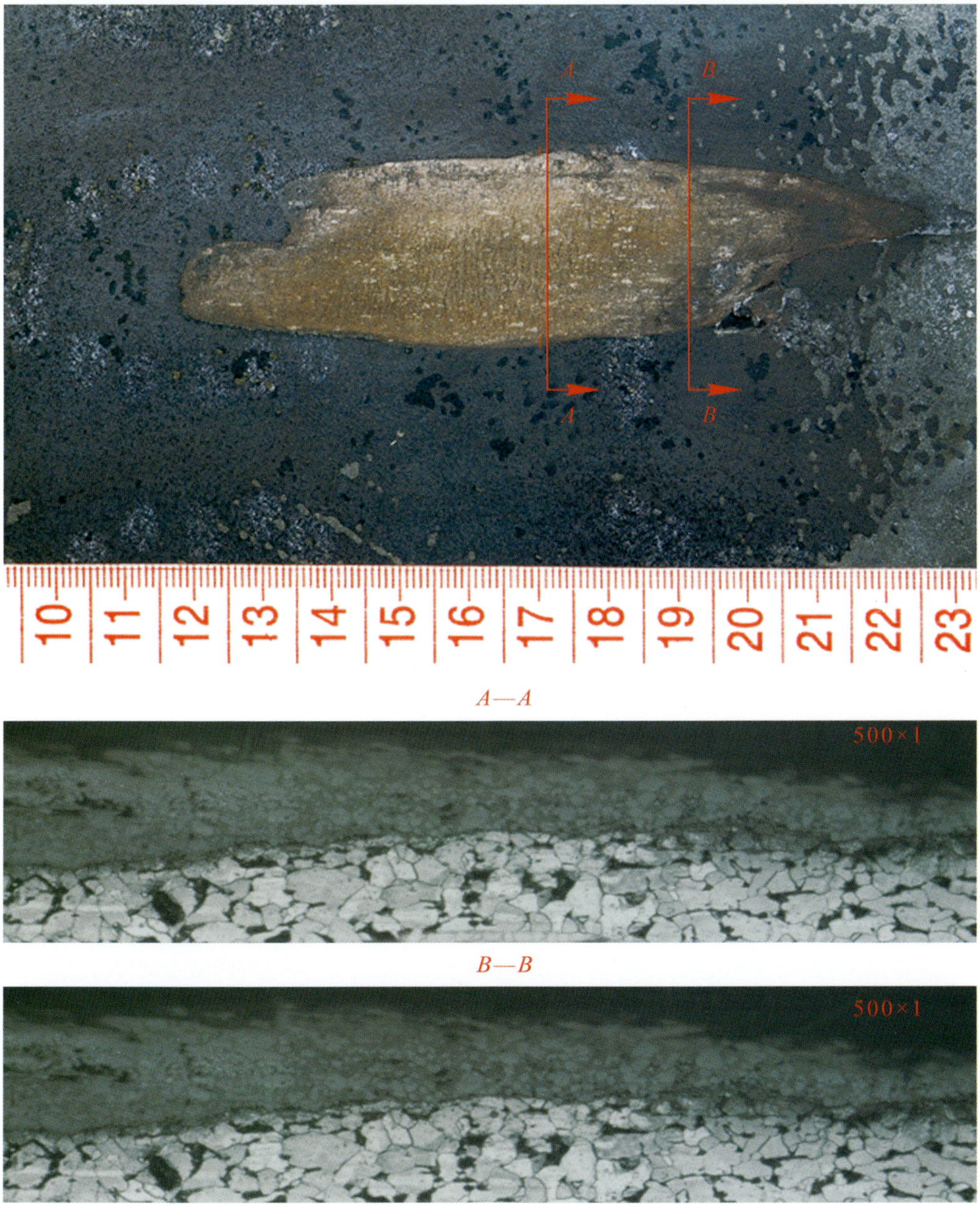

图4–8 嵌入钢板本体的片状白色非金属夹杂岩相图

4.2 金属夹杂 metallic inclusion

特征：嵌入或压入钢板本体内的显露于钢板表面的点状、块状、条状等形状的金属物质。实例见图4-9和图4-10。

成因：它是外来未熔金属所造成的夹杂物，其多是偶然的外来因素造成的：

(1) 连铸时，金属片、金属块、金属渣条等落入坯壳与拉矫辊之间，压入板坯壳内，轧制后暴露于钢板表面；

(2) 钢坯在火焰切割时，由于切割枪氧压偏低或波动，造成大型的熔融渣铁粘附到切口边缘的上表面或下表面，在轧制时压入钢板表面。

影响：在钢板本体内形成较深的块状压入，由于它与金属基体在化学成分和变形条件方面存在明显差别，所以轧制过程中常因不均匀变形引起的附加应力作用而伴生各种不同形态的裂纹。该缺陷对钢板的影响取决于其分布位置和数量，一般情况下，易造成钢板的判废。

预防：

(1) 对火焰切割后粘附在切口周边的渣铁一定要处理干净；

(2) 坯料表面火焰清理的操作一定要符合标准规定深宽的要求，清理后坯料表面不得有残留；

(3) 加强入炉坯料的检查，对表面不干净的要进行清扫；

(4) 对表面火焰清理后呈现出较明显的条形沟痕的坯料，要在顺沟槽的方向先轧制1～2道次，消除沟槽痕迹后，再转为正常的轧制。

图 4-9　钢板表面典型金属夹杂形貌

图 4-10　金属夹杂物与钢板基体的清晰界面

4.3 混合夹杂 mix inclusion

特征：在钢板表面有嵌入钢板本体内较深，呈现为块状，周边呈开放性的黑色的非金属和金属混合物质。该种夹杂单体面积较大，个体之间呈条状排列，基本是沿轧制方向分布。实例见图4-11～图4-15。

成因：大包和中间包包衬侵蚀、脱落；连铸浇注速度过快，捞渣不及时，造成保护渣被卷入钢液。上述因素导致结晶器内形成渣钢混合物，轧制后在钢板表面产生团块嵌入式延展开裂。

影响：缺陷的深度较深，有的超过钢板的厚度之半，甚至贯穿，其多数情况下造成钢板的判废。

图4-11　钢板表面典型黑色混合夹杂形貌

图4–12　嵌入钢板本体的黑色混合夹杂之一

图4–13　嵌入钢板本体的黑色混合夹杂之二

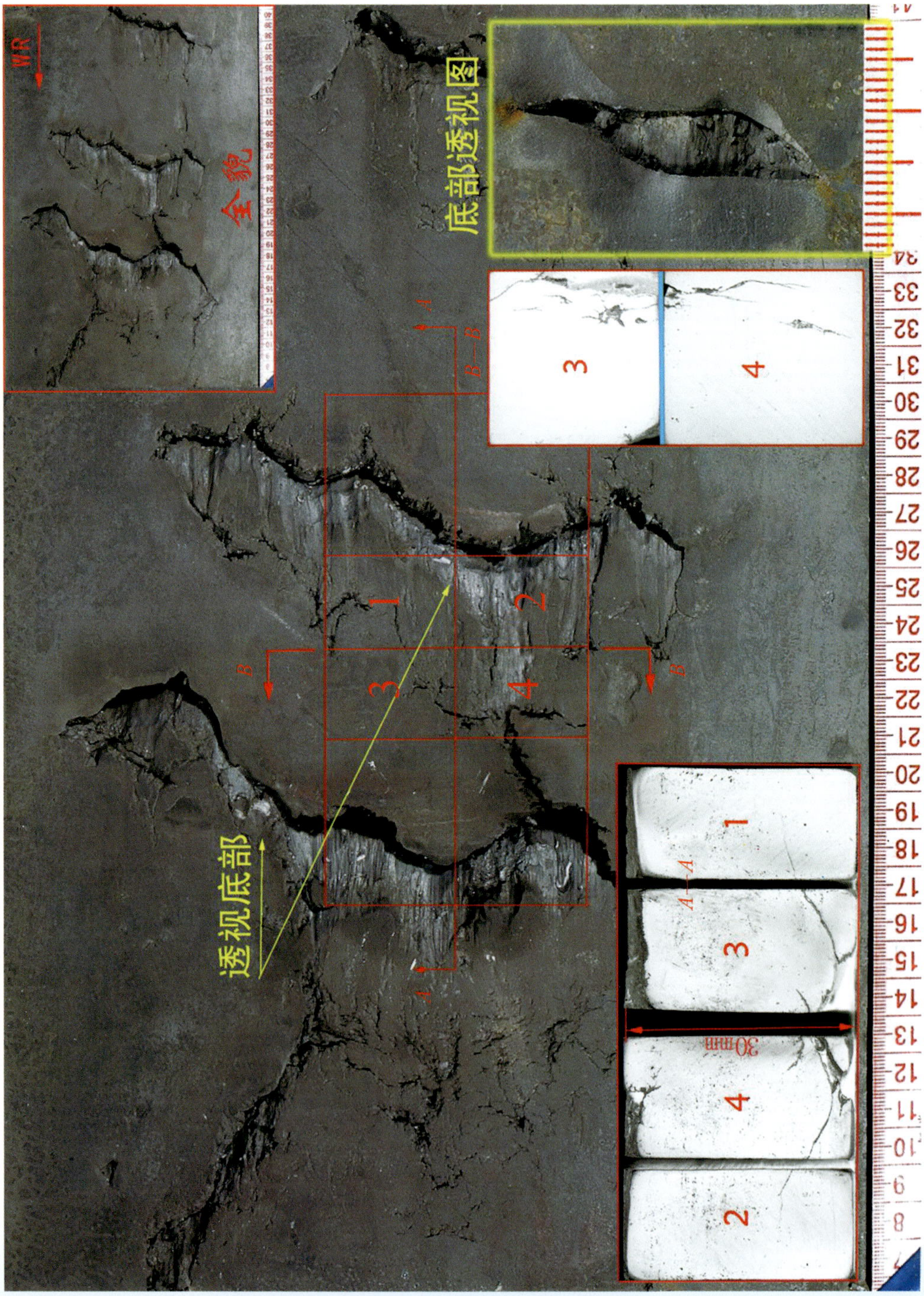

图 4-14　黑色混合夹杂形貌剖析

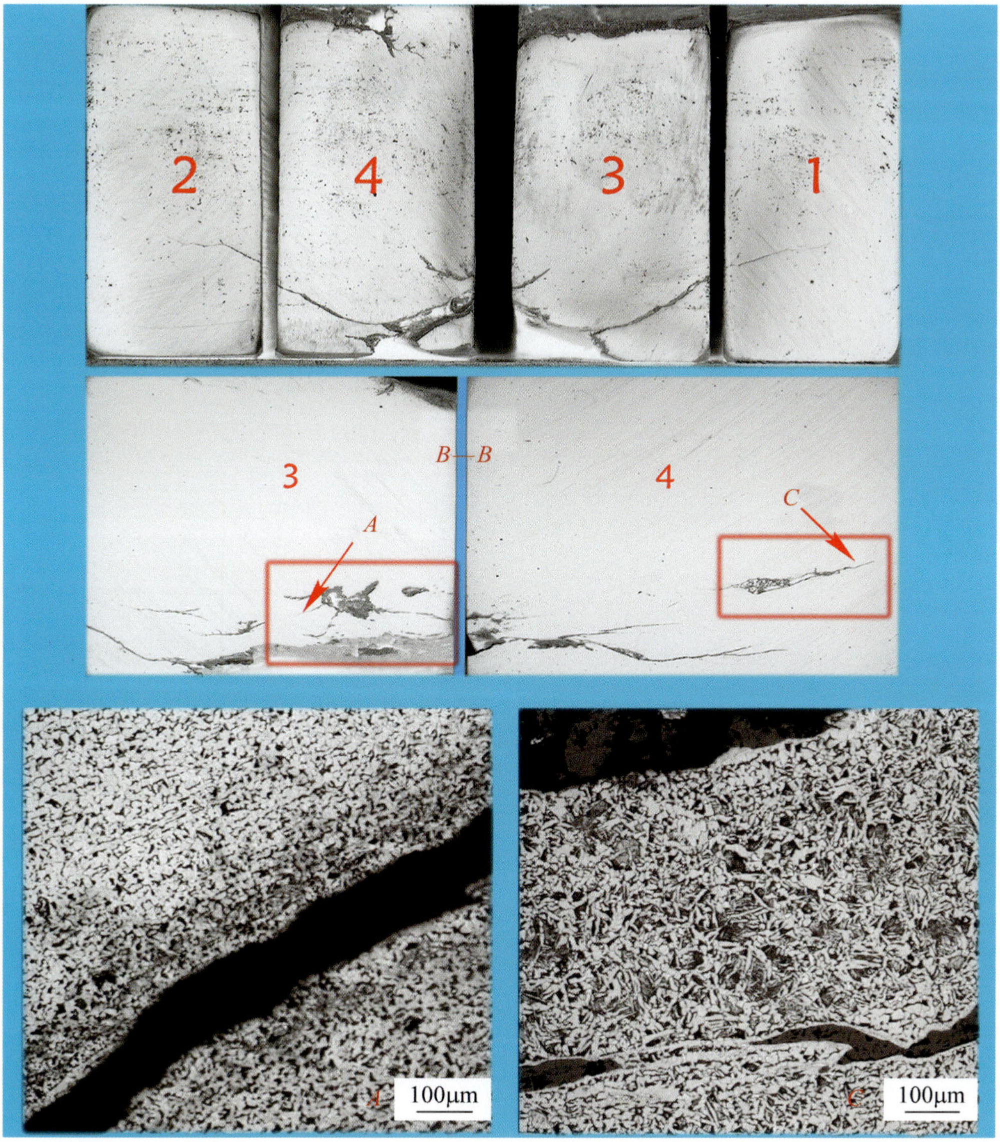

图 4-15　图 4-14中夹杂裂纹周边金相组织解剖图
（裂纹两边聚集有氧化物和硅酸盐夹杂，部分区域有晶粒粗大及魏氏组织出现）

5 表面裂纹 surface crack

中厚板表面裂纹是指钢板表面形成的一条或多条长短不一、宽窄不等、深浅不同、形状各异的条形缝隙或裂缝。通过对中厚板外观缺陷的统计分析，发现表面裂纹缺陷约占全部缺陷的50%左右，这不仅导致不良品率升高、合格率下降，而且也是造成表面修磨量增加、降低中厚板产品质量和经济效益的重要原因。

钢板表面裂纹的产生，一些是由于送轧前坯料本身裂纹在后续热加工过程中未有效焊合导致，有些是在加热轧制过程中新产生的裂纹，但所有裂纹产生的根本原因在于，裂纹源处承受的应力超过了该处钢的强度极限，从而在裂纹源处产生裂纹并扩展。裂纹源往往是气泡、夹杂、晶界脆性相、严重偏析、疏松、缩孔，如图5-1和图5-2所示。应力主要是钢在整个连铸、加热、轧制生产过程中受到的相变应力、温度应力、鼓肚应力、拉坯应力、轧制应力。而钢的强度极限则受到钢本身成分、组织状态、第二相粒子的析出形态以及变形温度、变形程度、变形速率等的影响。

因此为防止裂纹产生，必须从钢的成分设计及控制开始，严格控制产生裂纹的各个因素，如合理设计成分，降低钢种的裂纹敏感性；降低钢中气体和夹杂含量；在连铸过程中，严格控制钢水过热度、拉速、二冷配水，防止液面波动，选用合适的保护渣，并实施保护浇注；针对不同钢种采用不同的送坯制度，加强铸坯清理和精整；控制合理的加热制度和炉内气氛；选用合理的轧制方式和压下规程，控制轧后的冷却速度等。

总之，防止裂纹产生是一个系统工程，需对整个工艺过程综合分析，注意观察裂纹形貌、分布、特征，裂纹出现的几率等。如成炉出现的缺陷，一定与成分、铸机状态、加热炉状态等有关，随机出现的裂纹一般与操作有关；通过金相分析观察裂纹周围的组织构成及形貌，用扫描电镜观察裂纹处的夹杂或析出物的形貌或种类，研究钢板表面不同位置的裂纹形貌，裂纹附近的脆性元素与脆性相。如裂纹周边金相组织若有脱碳现象说明裂纹在连铸坯上就已经产生，因为只有在氧化气氛下长时间加热才能脱碳（图5-3）；电镜分析时若发现裂纹周边存在大量的氧化物，说明裂纹是在连铸坯上产生的，因为氧化现象是在加热炉中长时间的加热发生的（图5-4）。

钢板表面裂纹破坏了钢板力学性能的连续性，是对钢板危害很大的缺陷，也是中厚板生产中最为常见的缺陷。根据裂纹的形态、大小、分布等，可将裂纹分为纵裂纹、横裂纹、皴裂纹、龟（网）裂纹、发裂纹、微裂纹、带状裂纹、星裂纹等。

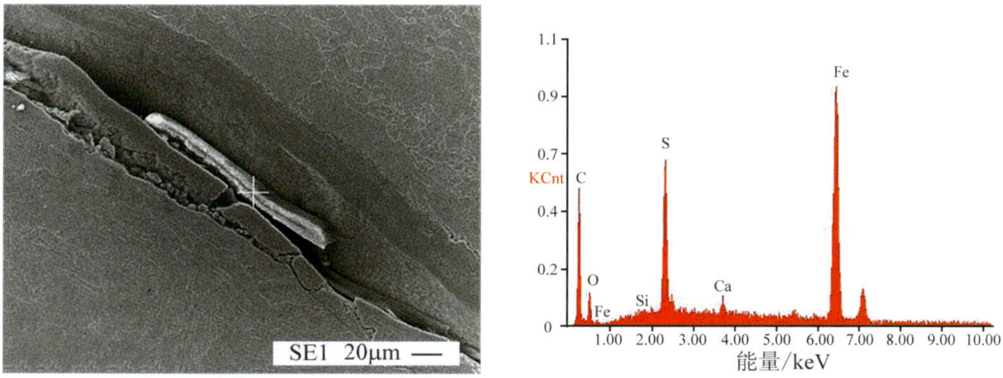

图 5-1　裂纹处的夹杂

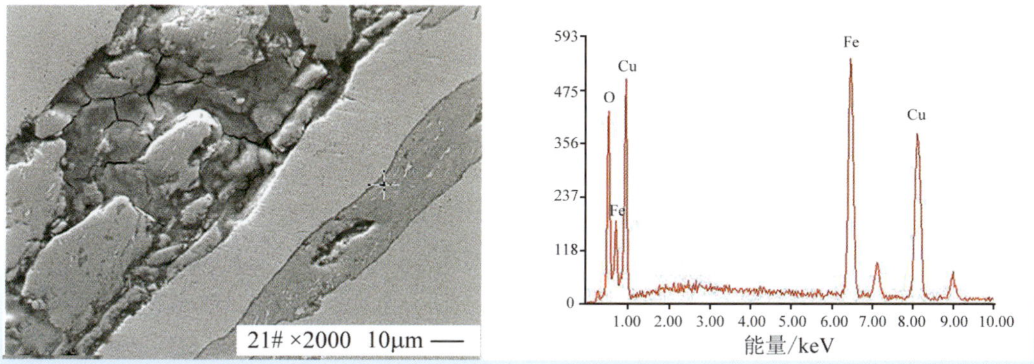

图 5-2　裂纹处的Cu偏析

图5-3　裂纹处的脱碳

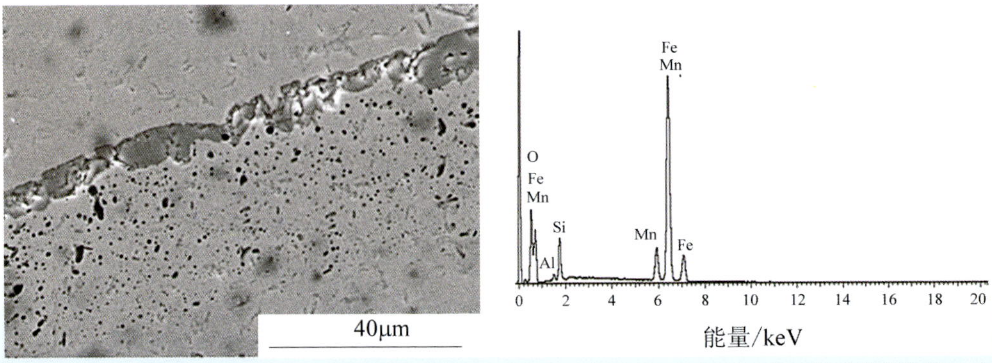

图5-4　裂纹处的氧化物

5.1 纵裂纹 longitudinal crack

纵裂纹是沿钢板轧制方向开裂的裂纹，由于其破坏了钢板的横向连续性，对钢板危害性很大，一般分为大纵裂和小纵裂两种形态。

5.1.1 大纵裂 big longitudinal crack

特征：沿钢板轧制方向，一般靠近钢板中间或钢板1/4 位置，长度一般大于100mm，严重的大纵裂贯穿于整张钢板，如图5-5～图5-14所示。此类裂纹多见于包晶钢（$w(C) = 0.10\%$～0.16%）板。

成因：

(1) 铸坯表面纵裂纹加热轧制前未有效清理，在纵向轧制中沿钢板轧制方向扩展并开裂。铸坯表面纵裂纹（图5-15～图5-18）主要是由于钢坯在凝固过程中坯壳厚度不均造成的，当作用在坯壳的拉应力超过钢的允许强度时，在坯壳薄弱处产生应力集中而导致断裂，出结晶器后在二冷区扩展形成纵向裂纹。包晶钢由于在凝固过程中会发生δ→γ相变，发生强烈的线收缩和体积收缩，因此裂纹敏感性大，更易产生表面纵向裂纹。

(2) 如果钢板出现多道贯穿轧制方向的裂纹，则有可能是较严重的钢坯横裂在钢坯横向轧制时扩展和开裂形成的。

(3) 带有角部塌陷或角部裂纹的清理不当的铸坯（角部的清理形成沟槽状，未形成在30°～45°的倒角清理）在进行横镦（横轧）时，角部的塌陷或裂纹开裂（见图5-19、图5-20），随着轧制的进行形成横裂纹，再转钢进行纵轧时变化为边部的纵向裂纹。由于这种裂纹在展宽道次时就已经出现，经历了多道次的轧制压缩，而呈现出“纵向的条状折叠”的假象，并掩盖了裂纹的真相，见图5-21～图5-23。在实际检验中，有的单位未有针对性地进行对比实验，将其定义为所谓的“黑线”并判定为边部折叠，简单的将其解释为“此类缺陷属于轧制过程中连铸坯角部侧翻量过大导致”，是不妥当的。

影响：大纵裂一般较深且长，难以通过修磨等消除，通常情况下，导致钢板被判废的可能性很高，危害很大。图5-24～图5-27所示的则是在钢板加工成圆管、弯曲成形的工件和容器封头时发现的大纵裂纹以及裂纹扩展导致的钢板开裂。

预防：

(1) 稳定冶炼、连铸工艺，针对不同钢种选用合适的保护渣，控制钢液温度及浸入式水口设计与插入深度、稳定结晶器液面波动、控制二次冷却和钢液中气体含量等防止铸坯纵裂纹的产生；

(2) 钢种成分设计时，碳含量尽量避开包晶反应区，减少纵裂纹产生几率；

(3) 加强铸坯下线精整和清理，防止出现大纵裂的坯料上线轧制。

图5-5　钢板表面典型大纵裂纹之一

图 5-6 钢板表面典型大纵裂纹之二

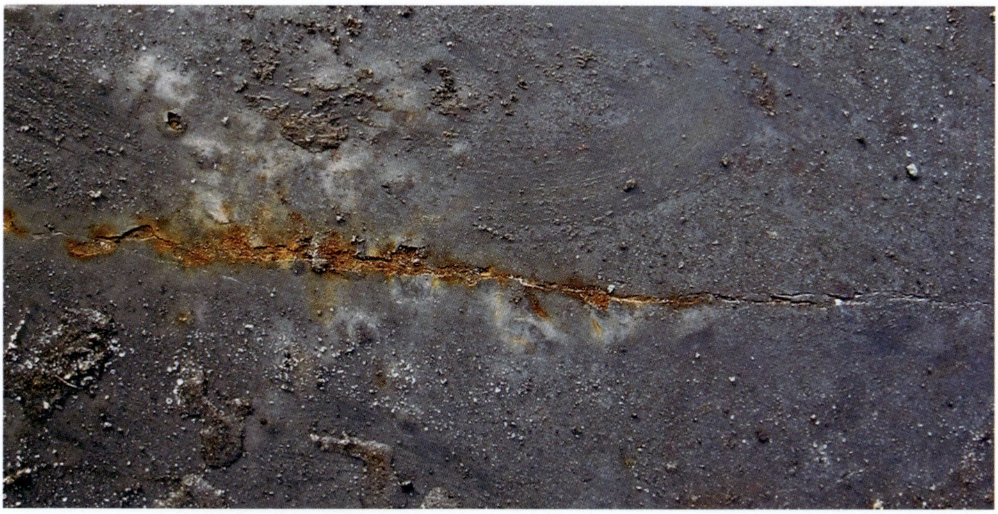

图 5-7 钢板表面典型大纵裂纹之三

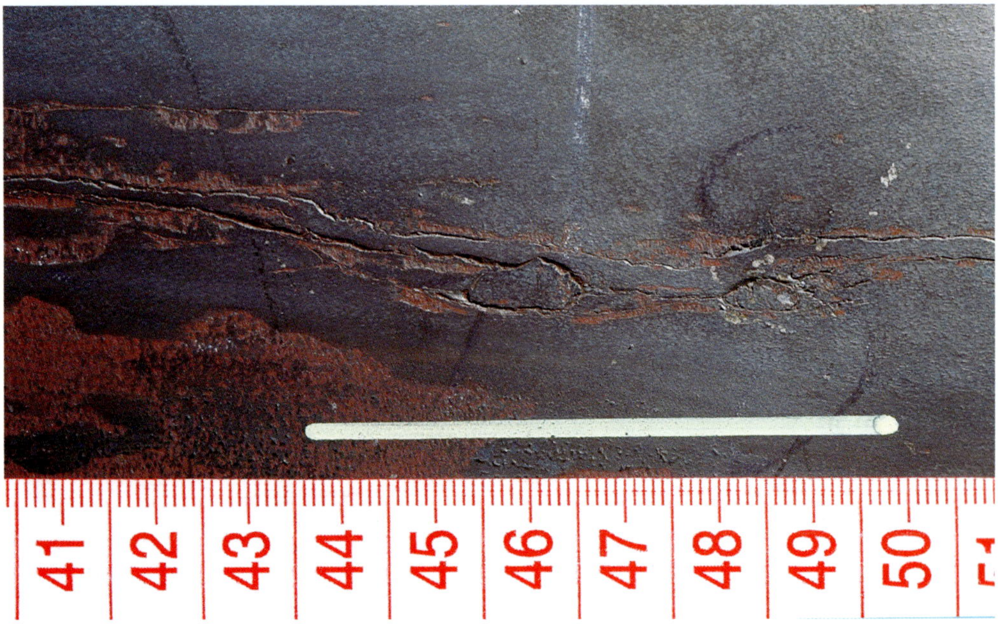

图 5-8　钢板表面典型大纵裂纹之四

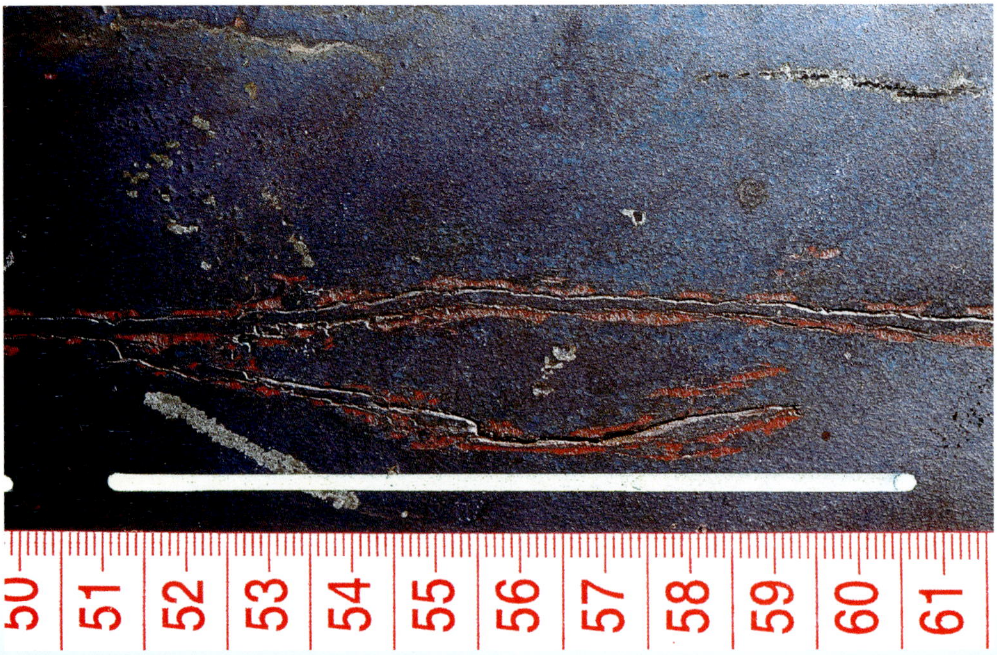

图 5-9　钢板表面典型大纵裂纹之五

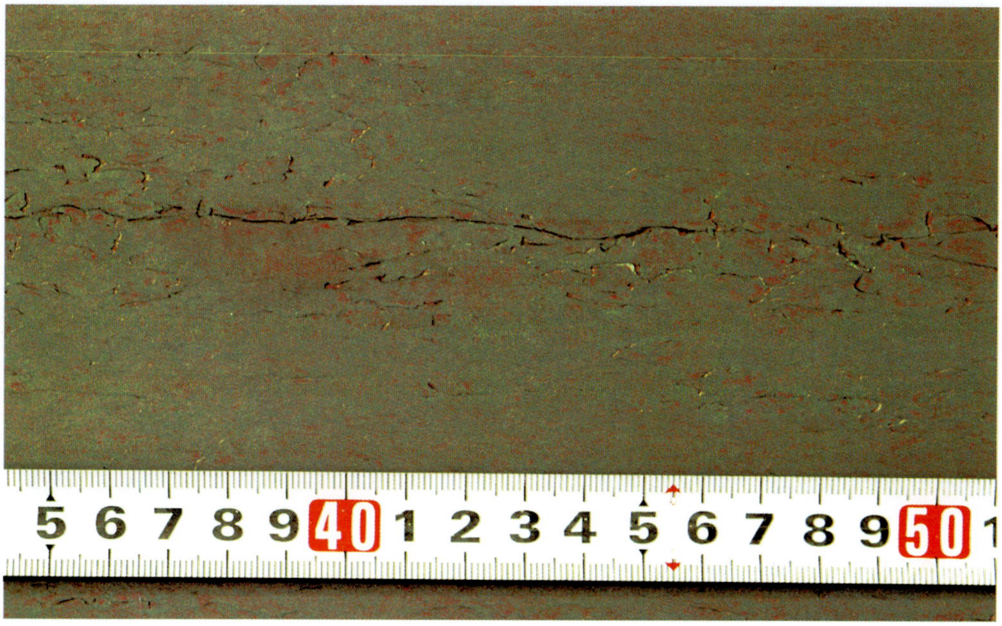

图 5−10 钢板表面典型大纵裂纹之六

图 5−11 钢板表面典型大纵裂纹之七

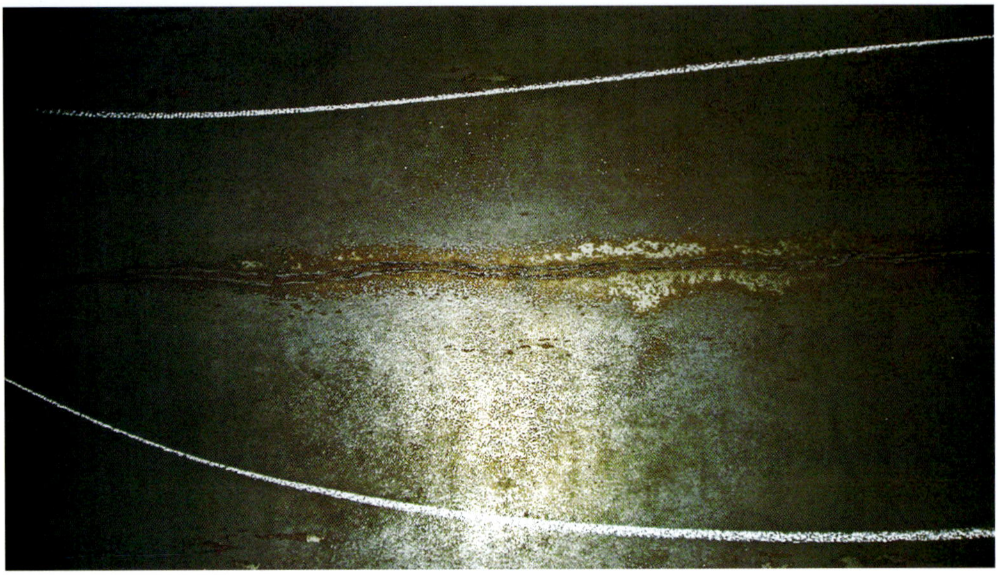

图 5-12　钢板表面典型大纵裂纹之八

图 5-13　钢板表面典型大纵裂纹之九

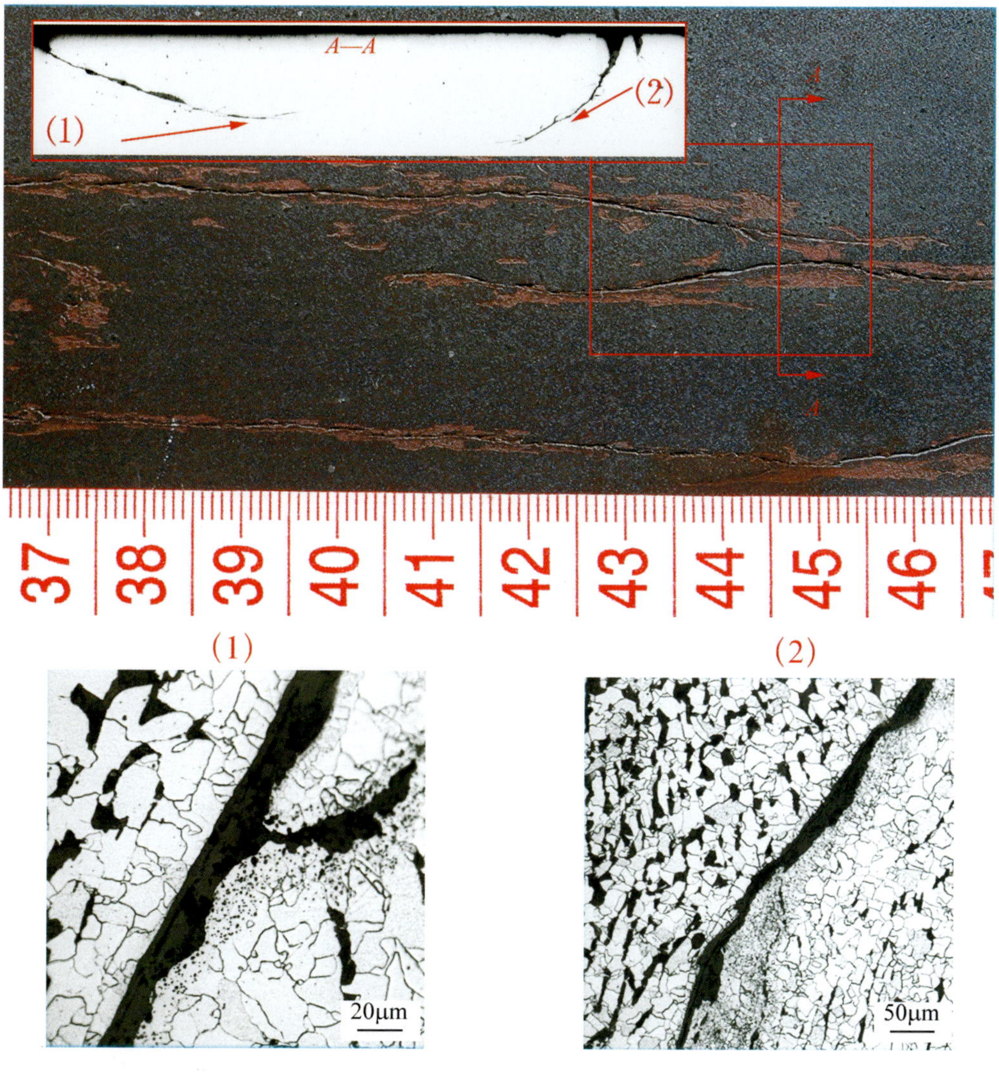

图 5-14 钢板表面典型大纵裂纹周边金相组织图

图5-15　铸坯表面纵裂纹之一

图5-16　铸坯表面纵裂纹之二

图 5-17 铸坯表面纵裂纹之三

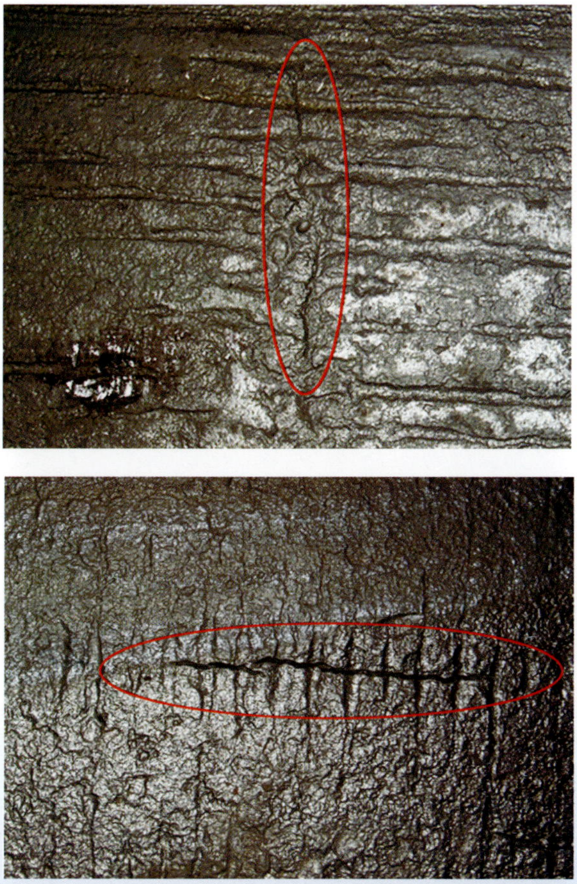

图 5-18 铸坯表面纵裂纹之四

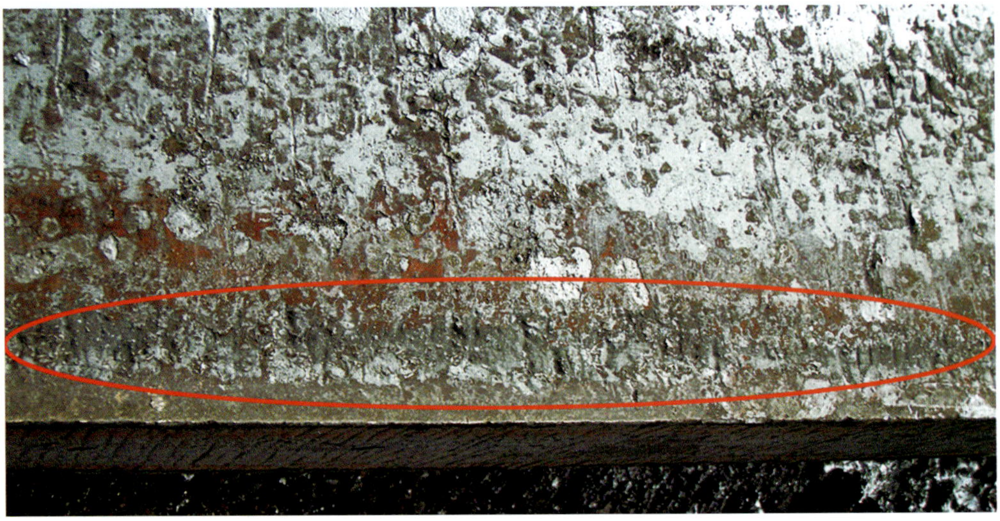

图 5-19　铸坯原始表面边部精整形貌之一

图 5-20　铸坯原始表面边部精整形貌之二

图 5-21　铸坯边部精整导致的轧后纵裂纹之一

图 5-22　铸坯边部精整导致的轧后纵裂纹之二

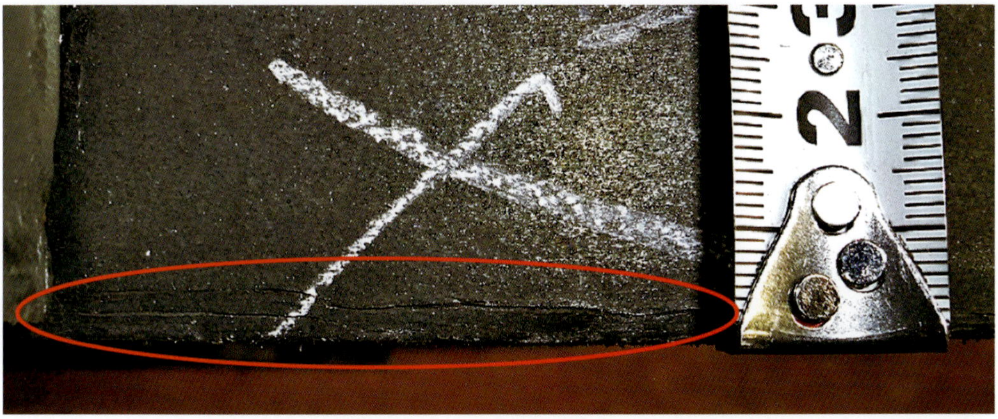

图 5-23　铸坯边部精整导致的轧后纵裂纹之三

图 5-24　钢板表面纵裂纹导致的弯管过程中裂纹扩展之一

图 5-25　钢板表面纵裂纹导致的弯管过程中裂纹扩展之二

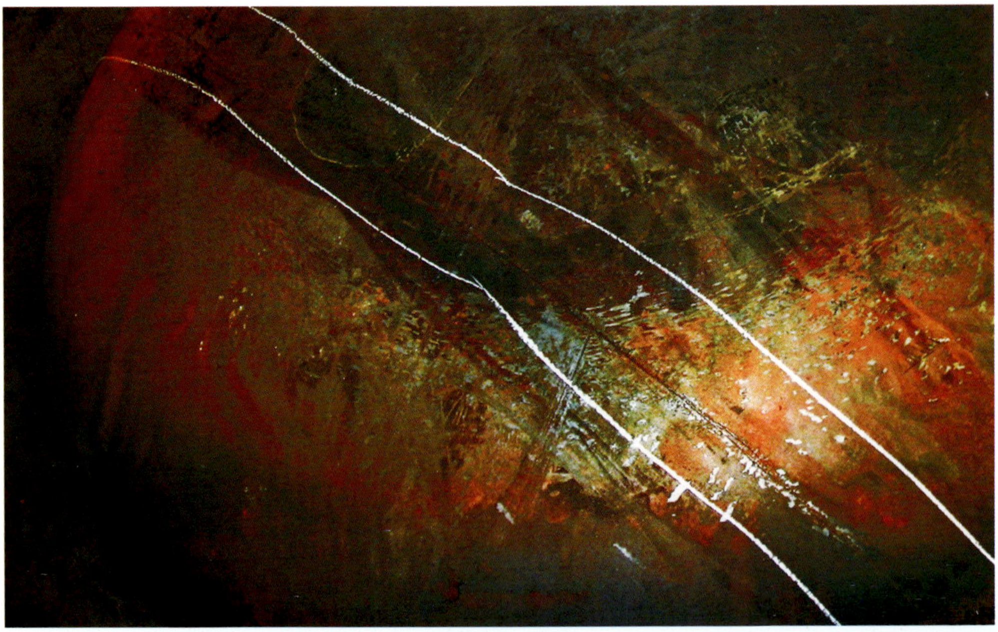

图 5-26　钢板表面纵裂纹导致的弯管过程中裂纹扩展之三

图5-27 钢板表面纵裂纹导致的弯管过程中裂纹扩展之四

5.1.2 小纵裂 little longitudinal crack

特征：沿钢板轧制方向分布不规则，主要分布于钢板两侧离边部100～300mm处，其次分布在钢板中间带或整张钢板表面，裂纹长短不一，主要特点是成簇状密集带状分布，裂纹深度较浅、不连续，裂纹比较密集，多见于坯料热送的Nb、V、Ti微合金化板和中碳钢板（w(C)=0.10%～0.20%）（见图5-28～图5-33），钢板越厚，出现的几率越大。

成因：

(1) 在铸坯表面存在有较短的纵裂纹等缺陷（见图5-34～图5-37），轧制时未完全焊合，钢中大量气体在坯料表面形成气泡，在加热及轧制过程中形成沿受力方向延伸的小裂纹。

(2) 部分钢种热塑性低、裂纹敏感性强。

1) 如铸坯热送时坯料大部分都还保持原始铸态奥氏体晶粒，相比冷送坯料加热过程经历奥氏体相变，晶粒尺寸较大，降低了轧制过程中的高温塑性。

2) 含微合金化元素的钢种，在铸坯凝固后冷却过程中会发生C、N化合物的析出，这些析出物存在于奥氏体晶界上。在铸坯实施热送时，虽然在加热和保温过程中又会发生C、N化合物的重熔，但依然有一些C、N化合物继续存在于奥氏体晶界，这些存在于奥氏体晶界的C、N化合物影响了奥氏体的塑性。

3）碳是决定碳钢在缓冷过程后组织和性能的主要因素，在亚共析钢范围内，在高温状态下，随着碳含量的增加，强度和硬度上升，塑性降低。

4）钢中As、Sn等元素残留过高，导致钢种裂纹敏感性变强，轧制过程中易产生纵裂纹。

钢板越厚，铸坯原始纵裂纹或轧制时产生的小纵裂纹越难以焊合，故缺陷出现的几率就越大。

影响：视裂纹的长度、深度、数量、分布情况而定。通常情况下，导致钢板被判废的可能性很高。

预防：

(1) 加强铸坯下线精整和清理，稳定冶炼、连铸工艺，防止铸坯纵裂纹的产生；

(2) 对微合金化钢种由热送改为冷送，并加强铸坯表面清理。冷送铸坯加热到轧制温度时，冷态组织重新转化为奥氏体，这时的奥氏体不仅晶粒度和热送时的情况有很大的不同，而且微量元素的析出物存在于奥氏体晶粒内，这样微量元素的析出物就不会对铸坯的热塑性产生明显的影响；

(3) 优化钢种成分设计，采用低碳成分，控制钢中As等元素含量，降低钢种的裂纹敏感性。

图 5-28　钢板表面典型小纵裂纹之一

图 5-29　钢板表面典型小纵裂纹之二

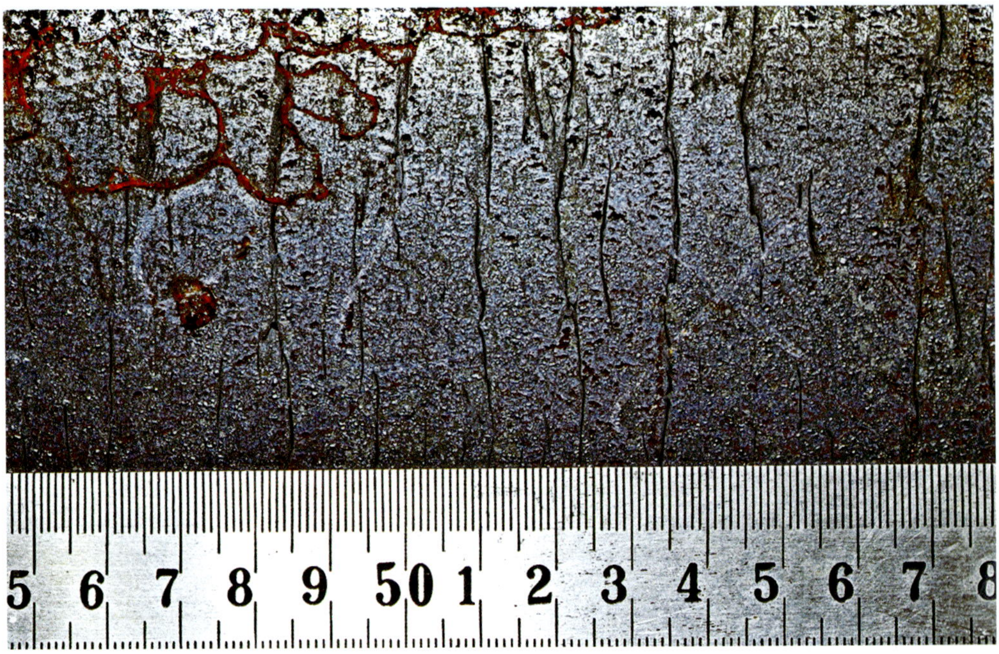

图 5–30　钢板表面典型小纵裂纹之三

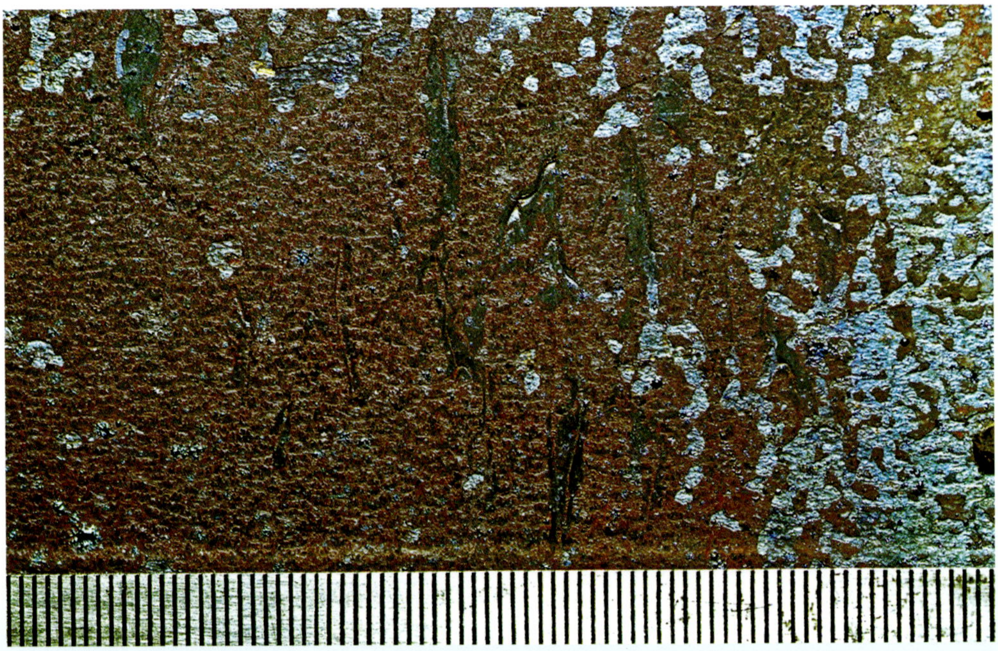

图 5–31　钢板表面典型小纵裂纹之四

图 5-32 钢板表面典型小纵裂纹之五

图 5-33 钢板表面典型小纵裂纹之六

图 5-34　铸坯表面原始小纵裂纹及气泡缺陷

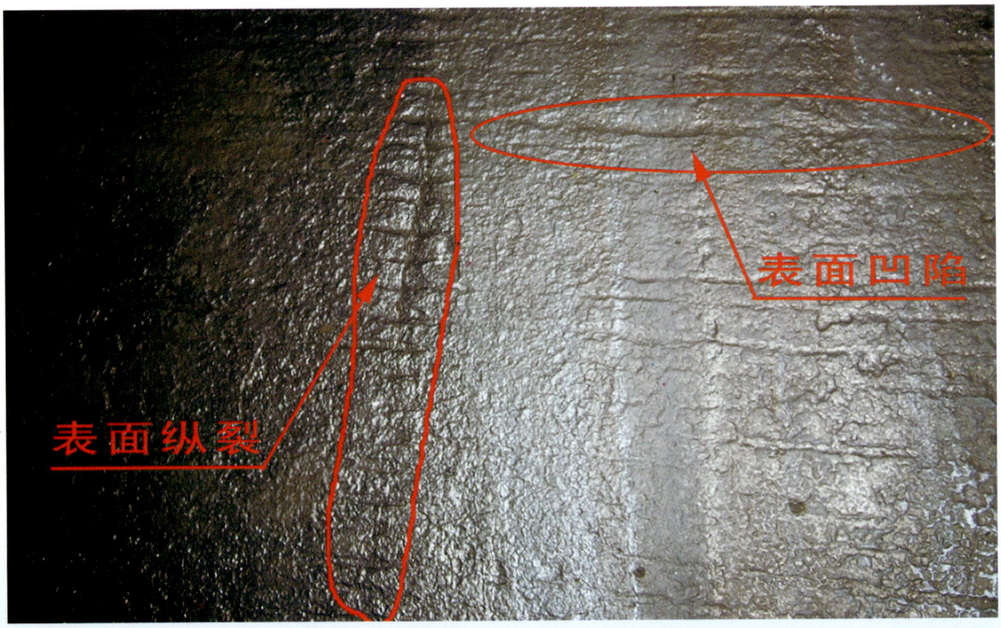

图 5-35　铸坯表面原始纵裂纹及表面凹陷

图 5-36　铸坯表面原始小纵裂纹之一

图 5-37　铸坯表面原始小纵裂纹之二

5.2 横裂纹 transverse crack

特征：裂纹基本与钢板的轧制方向呈30°～90°夹角，呈不规则的条状、平行多条状或曲线状等形态，曲线状的呈现为M形、Z形及波浪形，分布的位置、数量、状态、大小各异，具有一定深度和长度，破坏钢板纵向连续性。实例见图5-38～图5-60。

成因：

(1) 铸坯存在有横裂纹、粘漏或振痕过深造成的沟底夹渣、底部裂纹等缺陷（图5-61～图5-67）在轧制中扩展和开裂，形成钢板横裂纹。铸坯横裂纹主要的产生原因有：钢坯振痕较深，造成振痕底部有微裂纹或坚壳带较薄；钢中的铝、氮含量较高，促使AlN质点沿奥氏体晶界析出，诱发横裂纹；钢坯在脆性温度700～900℃范围内矫直；二次冷却强度过高。

(2) 不明显的钢坯纵向裂纹在钢坯横向轧制时扩展和开裂。

影响：横裂纹在钢板表面表现形态较多，其深度通常在0.5～1.5mm，严重的可达到钢板厚度的1/4～1/3，个别的甚至超过钢板厚度的1/2，如图5-53、图5-54所示，造成钢板判废的倾向性较高。钢板上有些横裂纹不易被发现，或呈现出折叠假象，图5-56所示为拉伸试样上暴露出的横裂纹，图5-57、图5-58所示为冷弯试样、冷弯工件角部因横裂纹造成的开裂，图5-59、图5-60所示为容器封头压制、钢管弯曲成形时横裂纹造成的开裂，由此钢板改判或是工件报废。

预防：

(1) 稳定冶炼、连铸工艺，防止铸坯表面横裂纹的产生；

(2) 采用高频率小振幅结晶器振动，稳定拉速；

(3) 二冷配水量分布应使钢坯表面温度均匀并尽量减小钢坯表面和边部的温度差；

(4) 根据钢种不同选择合适的保护渣，保护渣的用量和黏度既要保证减轻振痕，又要防止坯壳粘结；

(5) 钢坯矫直时避开脆性温度区，合理控制钢中铝、氮的含量，以减少AlN的形成和析出等。

图 5-38 典型钢板表面横裂纹之一

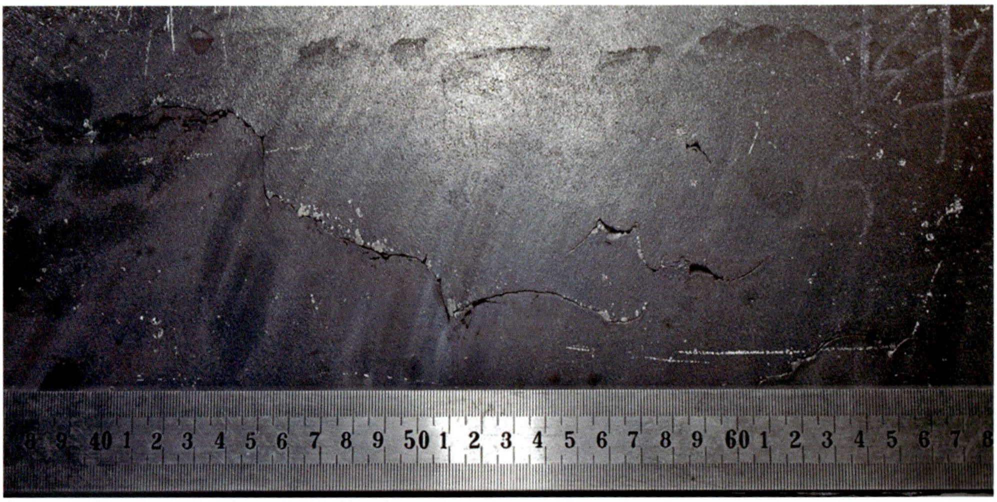

图 5-39　典型钢板表面横裂纹之二

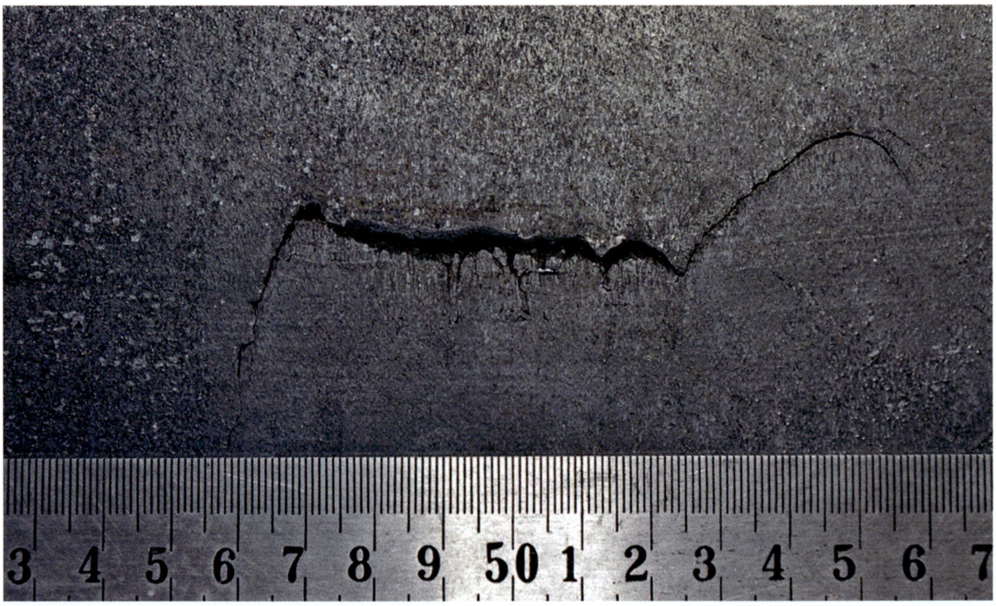

图 5-40　典型钢板表面横裂纹之三

图 5-41　典型钢板表面横裂纹之四

图 5-42　典型钢板表面横裂纹之五

图5-43　典型钢板表面横裂纹之六

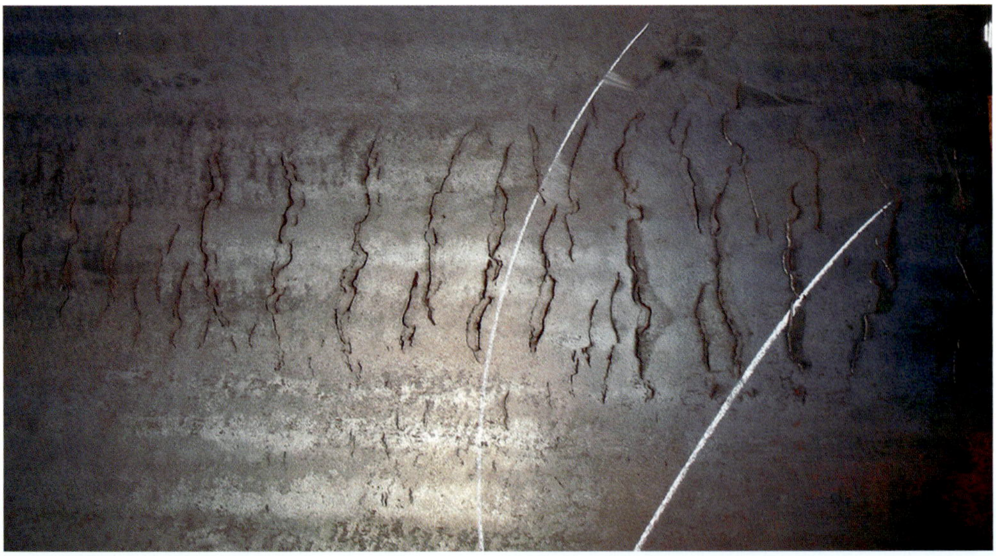

图5-44　典型钢板表面横裂纹之七

图 5-45 典型钢板表面横裂纹之八

图 5-46 典型钢板表面横裂纹之九

图 5-47　典型钢板表面横裂纹之十

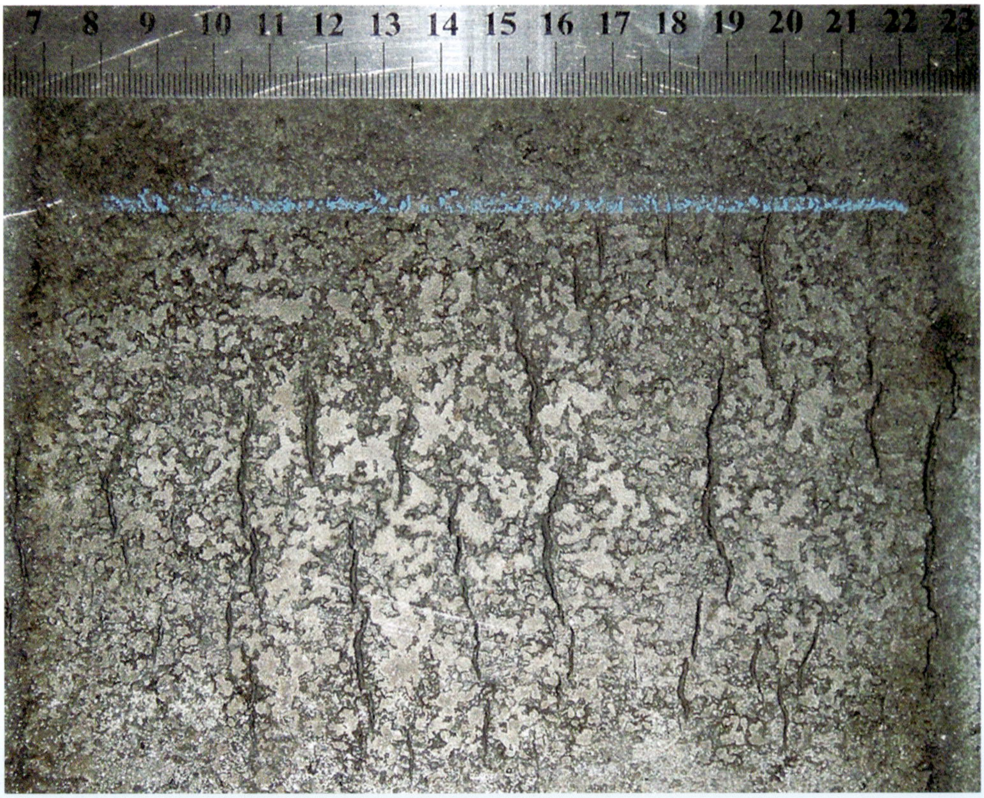

图 5-48　典型钢板表面横裂纹之十一

图 5-49 典型钢板表面横裂纹之十二

图 5-50 典型钢板表面横裂纹之十三

图 5-51　典型钢板表面横裂纹之十四

图 5-52　典型钢板表面横裂纹之十五

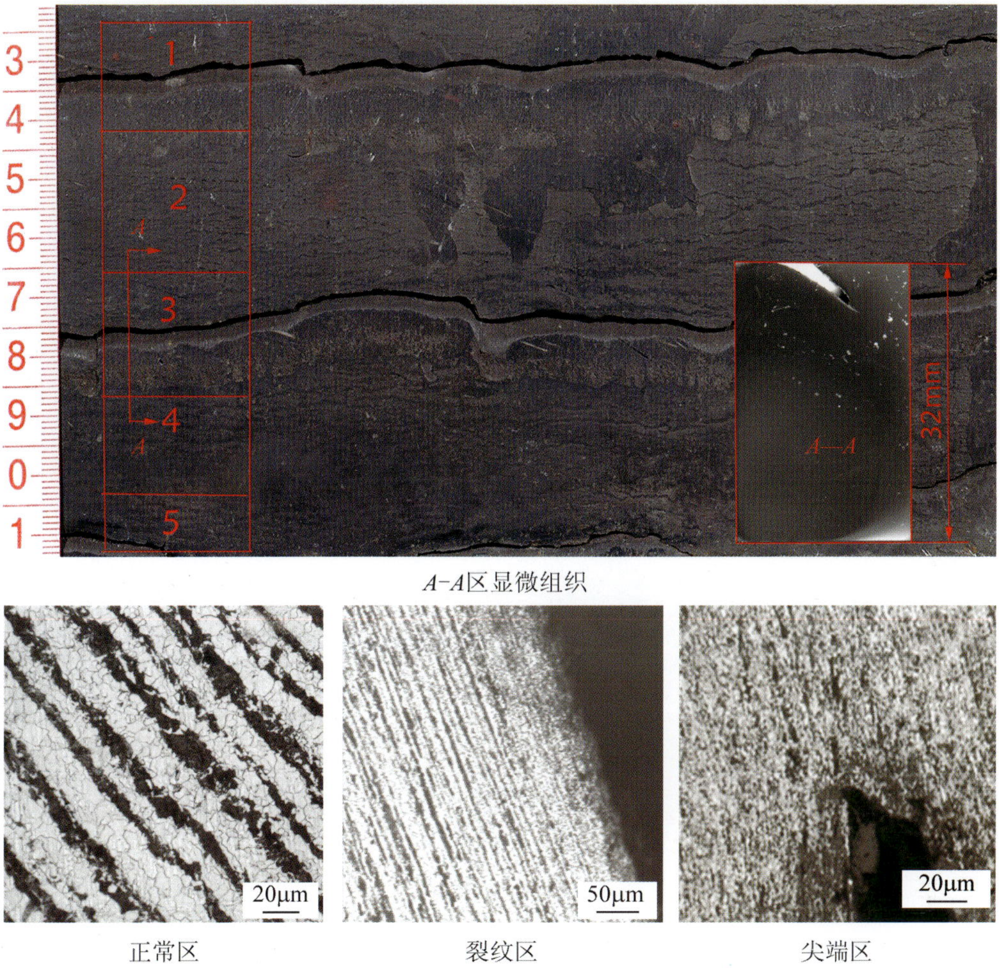

图5-53 钢板表面横裂纹解剖面及金相组织图之一

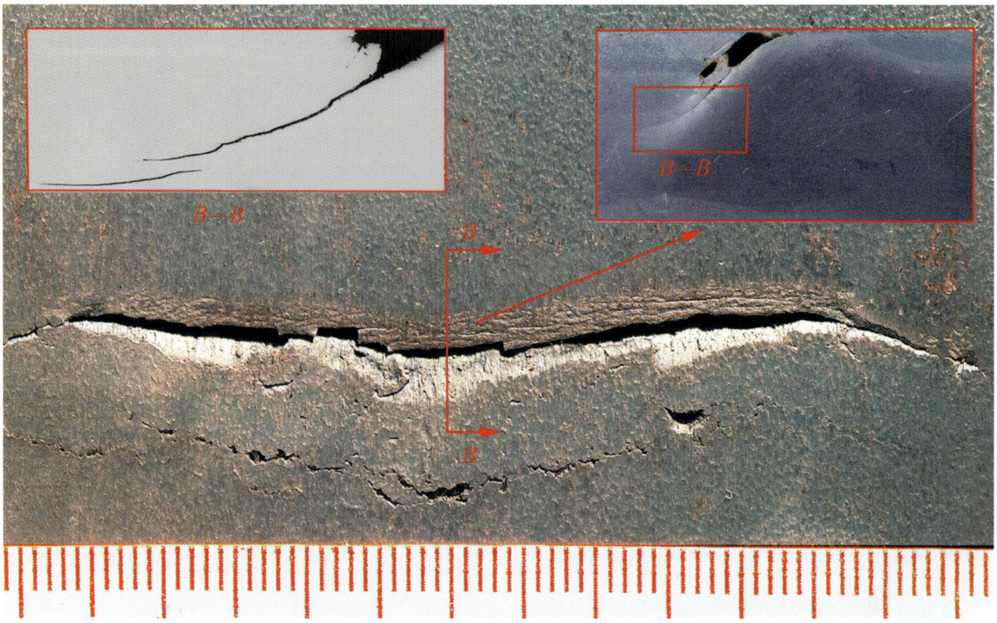

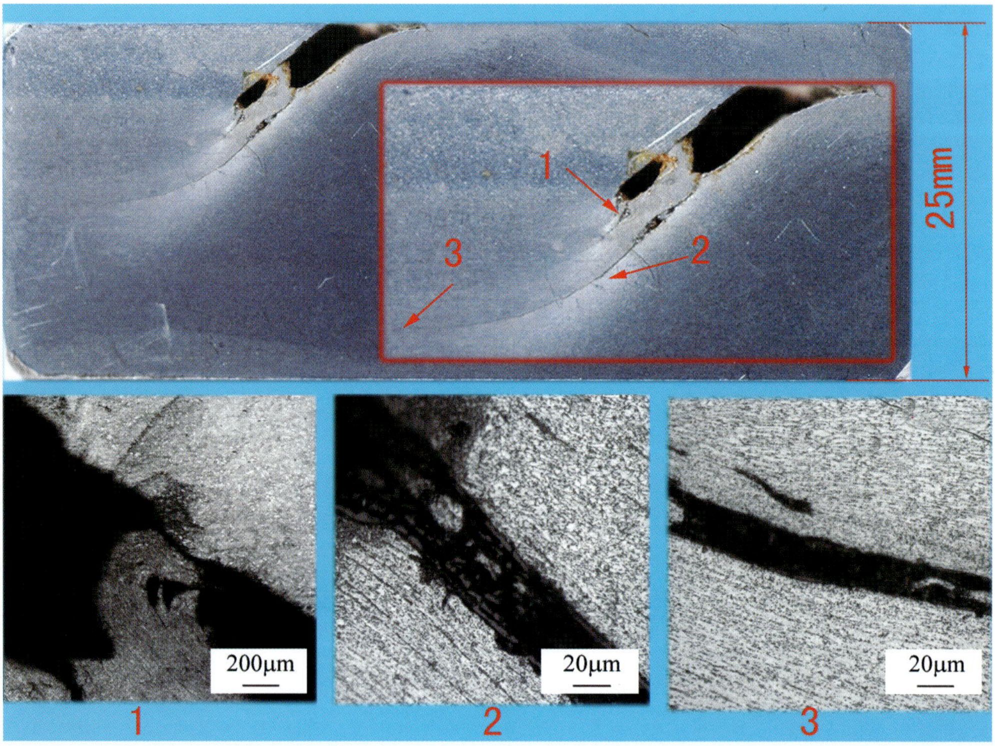

图 5-54　钢板表面横裂纹解剖面及金相组织图之二

A-*A*、*B*-*B*区显微组织

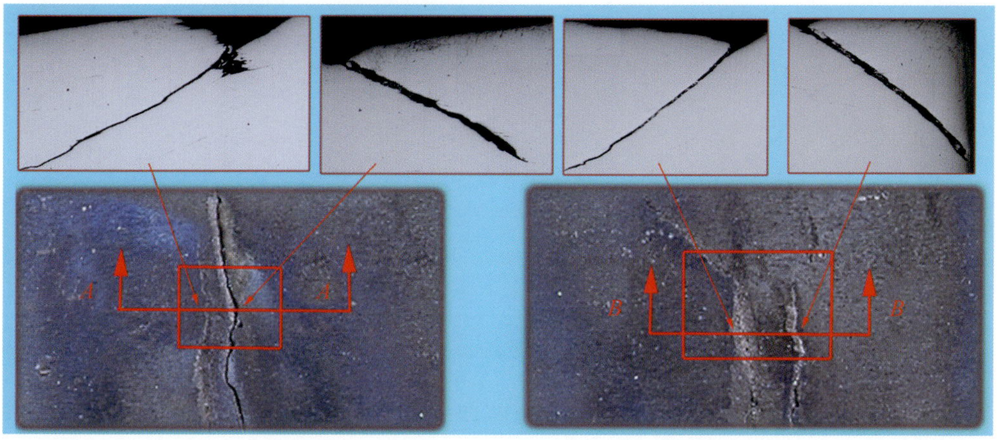

图 5-55　钢板表面横裂纹解剖面及金相组织图之三

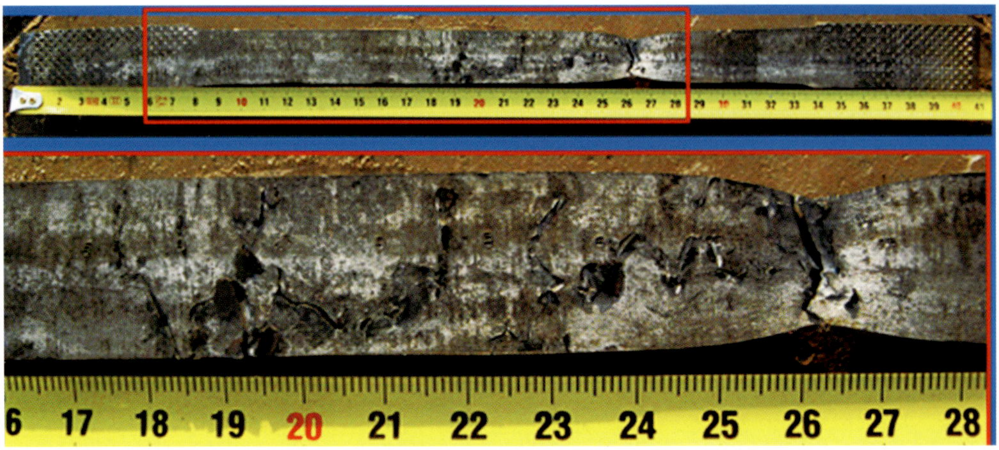

图 5-56　钢板表面板状拉伸试样上暴露的小横裂纹

图 5-57　钢板表面冷弯试样因横裂纹造成的开裂

图 5-58 钢板角部冷弯时因横裂纹造成的开裂

图 5-59 容器封头压制时因横裂纹造成的开裂

图 5-60　钢管弯曲成形时因横裂纹造成的开裂

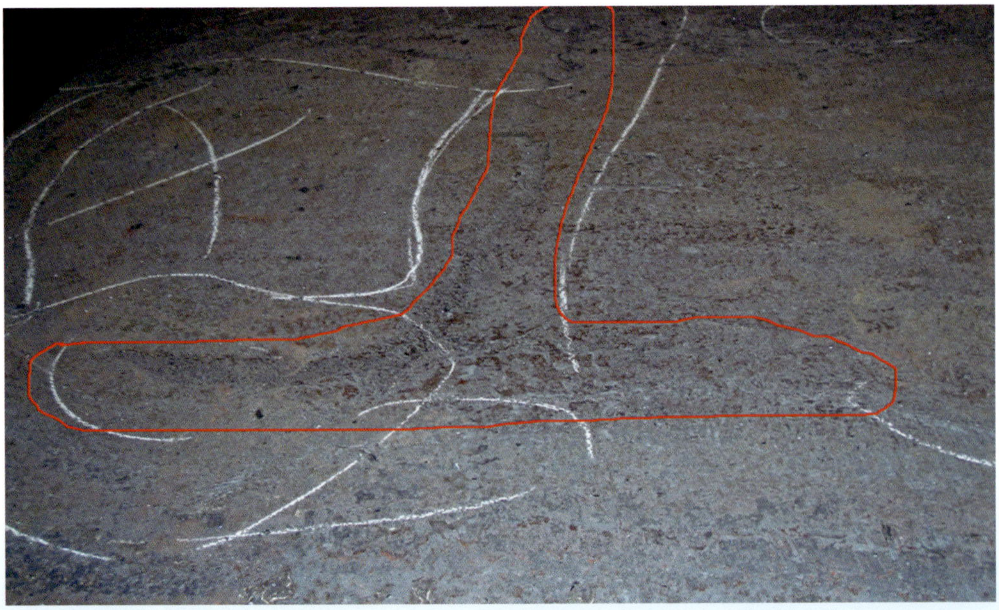

图 5-61　铸坯表面的原始缺陷之一

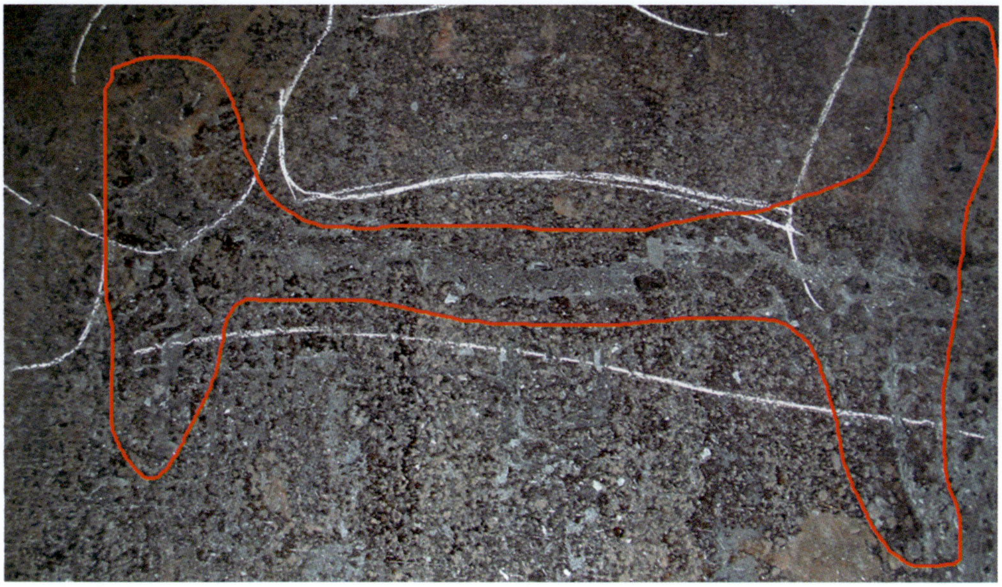

图 5-62 铸坯表面的原始缺陷之二

图 5-63 铸坯原始裂纹缺陷

图 5-64　铸坯表面粘漏

图 5-65　铸坯表面原始横裂纹缺陷

图 5-66 铸坯表面小纵裂纹及小渣沟缺陷（酸洗后）

图 5-67 铸坯表面典型横裂纹缺陷（酸洗后）

5.3 皱裂 chap

特征：在钢板表面呈现出数量较多、面积较大、较为短粗、长度不连续的横向裂纹，类似于冬季人手背部冻伤裂口。实例见图5-68～图5-70。

成因：当钢坯的加热温度超过临界温度A_{c3}时，钢的晶粒过分长大，晶间结合力减弱，使钢坯的热塑性降低或者因钢坯表面存在细小的微裂纹在加热过程中被氧化，轧制中在钢板表面和角部产生裂纹或裂缝。

影响：皱裂出现在钢板表面时，通常表现为数量较多、分布面积较大，修磨和清理难度较大，对钢板表面质量影响较大，大多情况下钢板被判废可能性较高。

图5-68　典型钢板表面皱裂纹之一

图 5-69 典型钢板表面皴裂纹之二

图 5-70 典型钢板表面皴裂纹之三

5.4 龟裂/网裂 crazing

特征：钢板表面呈龟背状（网状）裂纹，一般长度较短，多呈弧形、人字形，方向各异。多产生在碳含量较高或合金含量较高、合金数量较多的钢板表面，在钢板垛放期间有时会发生裂纹扩展，导致钢板判废。实例见图5-71～图5-78。

成因：

（1）钢坯在较低温度进行火焰清理时，表面温度骤然升高引起热应力或在清理后的冷却过程中产生组织应力，使钢坯表面轻微的炸裂；

（2）钢坯加热温度或加热速度控制不当，造成钢坯局部过热（通常为钢坯的下加热面），降低了钢的塑性，在轧制中由于表面延伸产生龟裂；

（3）钢坯表面存在的网状裂纹或星形裂纹在轧制中扩展和开裂。

影响：从其产生的原因来说，钢板的表面存在着一定的脱碳层，有时也伴随或衍生出其他形态的裂纹。就深度而言，基本都超过钢板的厚度公差之半，因此判废的可能性较高。

预防：

（1）采取预热或利用产品余热进行坯料的火焰清理；

（2）控制加热制度，防止出现过热、过烧现象；

（3）有效清理钢坯出现网裂或星裂等原始缺陷。

图 5–71 典型钢板表面龟裂纹之一

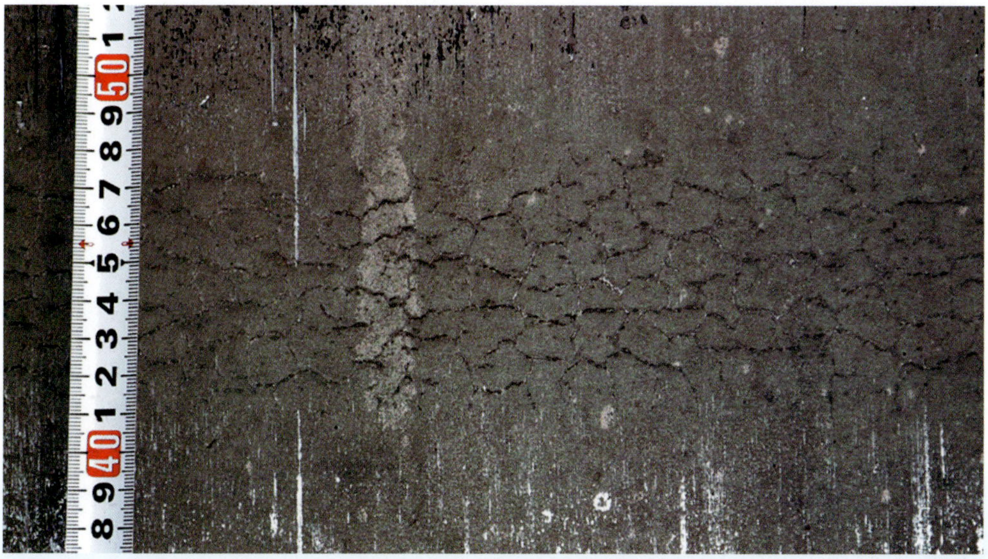

图 5–72 典型钢板表面龟裂纹之二

图 5-73　典型钢板表面龟裂纹之三

图 5-74　典型钢板表面龟裂纹之四

图 5-75 典型钢板表面龟裂纹之五

图 5-76 典型钢板表面龟裂纹之六

图 5-77　典型钢板表面龟裂纹之七

图 5-78　典型钢板表面龟裂纹之八

5.5 发裂 hair crack

特征：在钢板表面分布着形状不一、深度较浅的发状细纹，一般沿轧制方向排列，有长有短，有的分散，有的成簇分布，有时会布满钢板表面，有时沿钢板横向分布。实例如图5-79～图5-89所示。其中图5-87～图5-89为船板喷丸处理后经磁粉检测显示出的微裂纹。

成因：

（1）由于连铸机的一冷、二冷冷速及拉速不合理，或者保护渣选用不合适、保护渣受潮，造成钢坯表面出现许多微裂纹，在轧制中暴露和扩展；

（2）某些钢种因加热速度和加热温度不当使钢坯表面出现热裂纹和少量脱碳导致塑性降低，轧制中在钢板表面形成细小裂纹；

（3）钢坯本身存在的皮下气泡、皮下夹杂、裂纹等缺陷，图5-90、图5-91为在坯料进行酸洗和扒皮后发现的小裂纹，图5-92为坯料火焰清理后仍残留的小裂纹，图5-93为对回炉坯检查时发现的小裂纹，这些在坯料正常检查中很难发现的缺陷在轧制中暴露而形成微小裂纹。

影响：钢坯微裂纹形成的细小裂纹在钢板上的形态大多呈现出有规律的弧线形，弧线的顶端与轧制方向相同。加热不当产生的裂纹规律性不强，大多呈长短不一的“蚯蚓”形线状。发裂一般深度较浅，修磨清理后不影响使用。但发裂有时不易发现，在钢板弯曲或卷曲加工时，如果缺陷在钢板外弧面将产生较为明显的裂纹或开裂。

预防：

（1）确定不同钢种、拉速和钢水过热度下的保护渣型号并严格执行，保持液渣层在10mm以上；

（2）加强连铸工艺的控制，对裂纹敏感性强的钢种采取缓冷；

（3）加强坯料的验收、检查，扩大火焰表面清理的范围；

(4) 制定合理的加热温度和加热速度，尽可能增加压缩比，采用合适的压下规程和冷却制度。

图 5-79 典型钢板表面发裂纹之一

图 5-80 典型钢板表面发裂纹之二

图 5-81　典型钢板表面发裂纹之三

图 5-82　典型钢板表面发裂纹之四

图 5-83　典型钢板表面发裂纹之五

图 5-84　典型钢板表面发裂纹之六

图 5-85 典型钢板表面发裂纹之七

图 5-86 典型钢板表面发裂纹之八

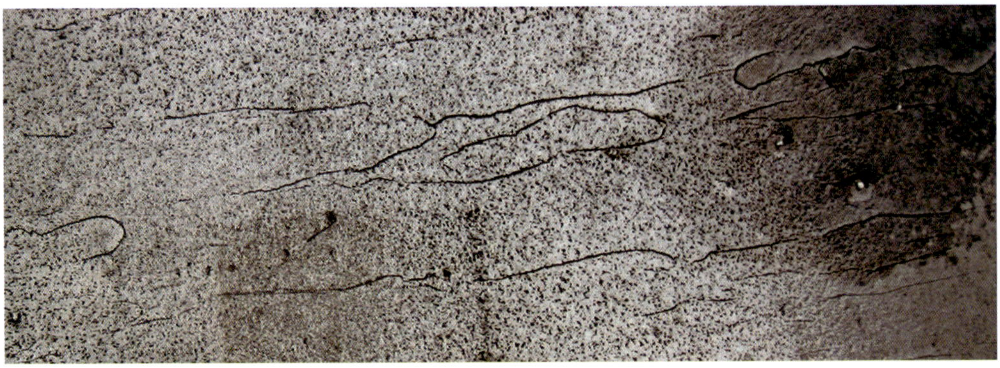

图 5-87　钢板表面磁粉检测后发现的发裂纹之一

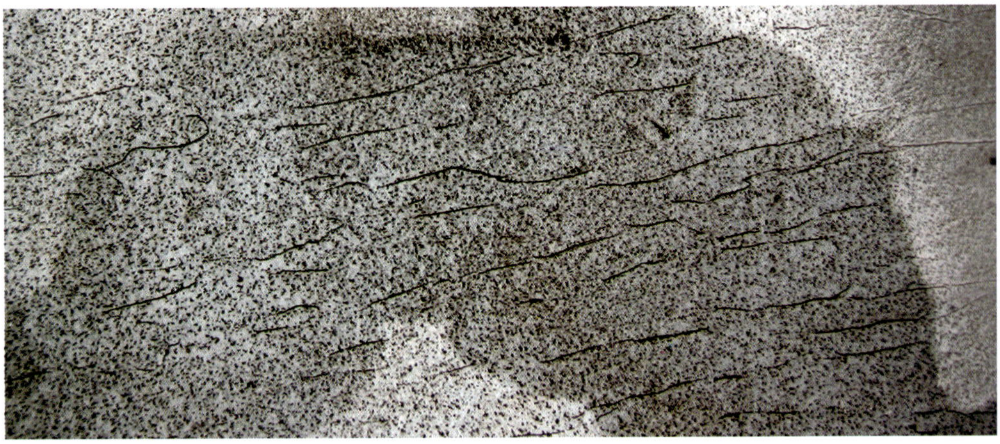

图 5-88　钢板表面磁粉检测后发现的发裂纹之二

图 5-89　钢板表面磁粉检测后发现的发裂纹之三

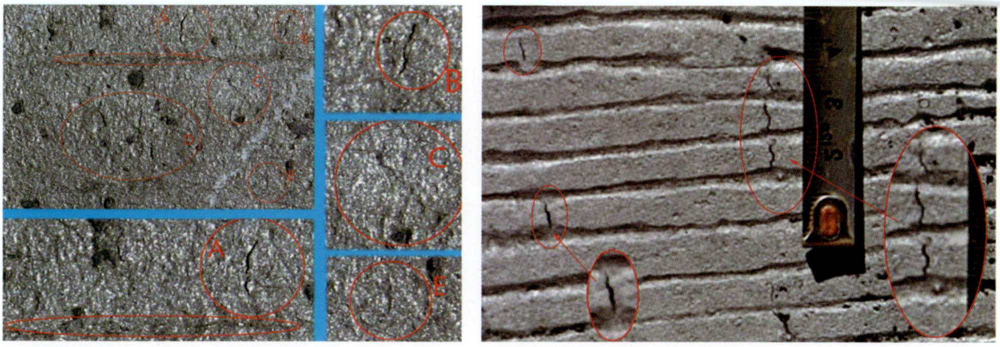

图 5−90 坯料酸洗后暴露的小裂纹缺陷

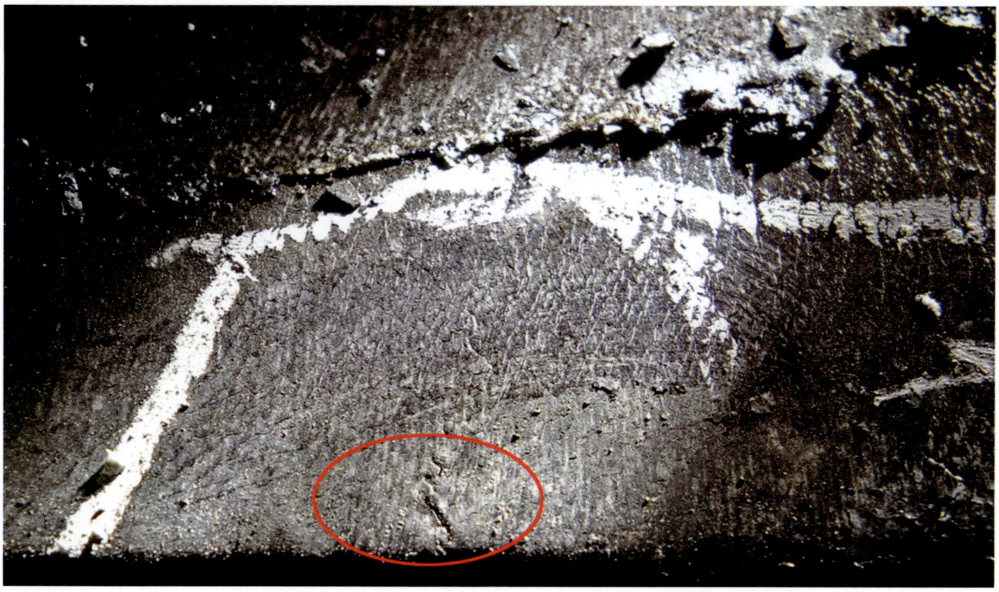

图 5−91 铸坯表面扒皮后暴露的小裂纹缺陷

图 5−92 铸坯火焰清理后暴露的小裂纹缺陷

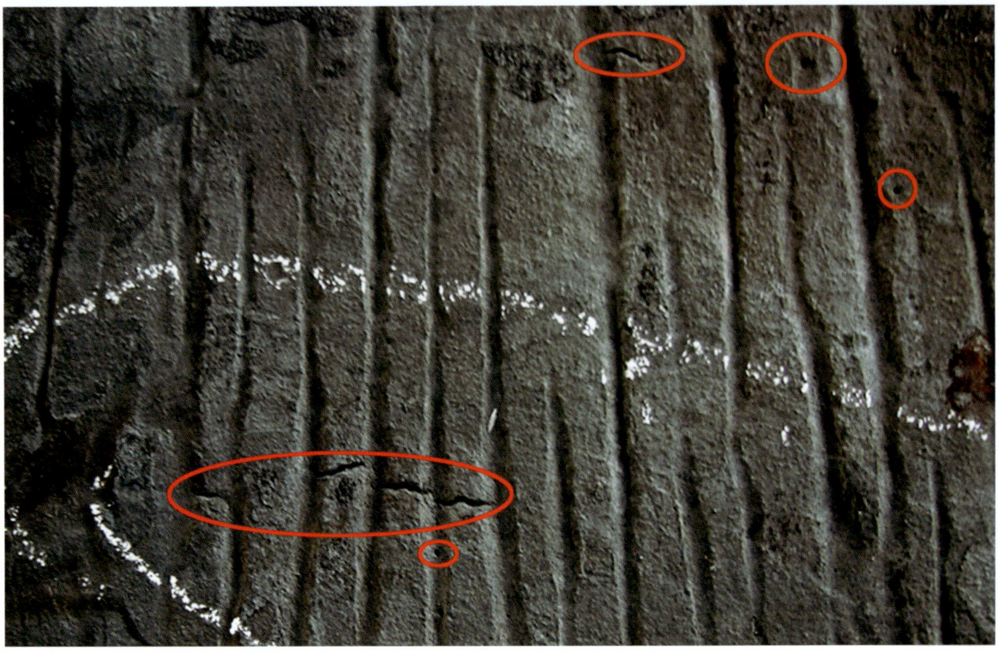

图 5–93　回炉坯表面酸洗后暴露的小裂纹缺陷

5.6　微裂纹 microcrack

特征：钢板表面的不同部位出现一些不易辨别的、形状不规则、缝隙细小、长度不连续、形态零乱的裂纹，是原始裂纹沿轧制方向延伸而成，为典型的沿晶和穿晶形成的微裂纹。这种裂纹有时在一定范围内以集中的形式出现，有时以零散分布的形式出现，有时与其他形态的裂纹或缺陷伴随出现，实例如图5–94～图5–109所示。其中图5–94～图5–103所示为在钢板上直接观察到的微裂纹，图5–104、图5–105所示为酸洗后显示出的微裂纹，图5–106～图109所示为喷丸处理后经磁粉检测显示出的微裂纹。

成因：

(1) 微裂纹产生的原因是多方面的，大多数情况下与其他形态的裂纹或缺陷伴随出现，基本上是其他形态的裂纹或缺陷的衍生形态，其成因与相关联的裂纹或缺陷相同。其单独出现时，则是由于某些钢种的钢坯表面存在微裂纹；或钢坯加热温度不合理产生微裂纹；或钢坯局部受热强度较高造成表面出现一定的魏氏组织或脱碳，导致塑性降低，轧制中在钢板表面以不同形态表现出来；

（2）通过对入炉坯料酸洗后的检查发现坯料表面存在的微裂纹、振痕过深造成夹渣或振痕底部的细小裂纹、轻微的皮下气泡暴露在轧制中易呈现出裂纹形态；

（3）有铸坯的低倍组织检查表明，正常情况下坚壳带（激冷层）厚度一般在5～10mm，这在图5-110所示的180mm连铸板坯的低倍示意图中可以清晰看出。但由于拉速与冷却匹配不当时坚壳带的厚度过薄，严重时几乎看不出激冷层，这容易出现加热时因气氛不良时，由氧化造成皮下组织暴露，在轧制时出现裂纹；

（4）在冶炼裂纹敏感性元素的钢种时，由于钢水中的有害元素含量控制不当，如As、P、Sb，在钢中有一定的溶解度，与铁形成低熔点化合物（Fe_2As、Fe_3As_2、FeAs），都有严重的偏析倾向，降低塑性和韧性，尤其是钢中的碳含量越高，引起的脆性就越大，图5-111所示为这类钢酸洗后发现的微小裂纹；

（5）在含Cu的钢中，如果钢中的As含量偏高，在加热过程中，随着铸坯表面Fe的选择性氧化，Cu富集在氧化层界面处很窄的一个区域内，当温度高于1100℃加热时（Cu的熔点1083℃），Cu在氧化层界面处产生Cu的富集，形成液态富Cu相，同时高As含量降低了铜在奥氏体中的溶解度，液态富铜相会沿界面附近的奥氏体晶界渗透，由此会导致钢板表面裂纹的产生；

（6）钢中的As、Sn等元素会加剧中厚板发生微裂纹的趋势。

影响：单纯出现的微裂纹对钢板的影响较小，通常清理后深度小于钢板的负公差之半；与其他形态的裂纹或缺陷伴随出现的微裂纹对钢板的影响，大多数情况下取决于伴生缺陷的严重程度。

预防：

（1）降低钢中Cu、Sn等元素的原始含量，以控制钢中残余成分$w(Cu) < 0.20\%$；

（2）对含Cu等裂纹敏感性强的钢种，要严格控制入炉铁水中的$w(As) \leqslant 0.008\%$、$w(Sn) \leqslant 0.008\%$；

（3）加强入炉坯料的检查，必要时对坯料实施倒角不大于30°的宽泛角部清理，或扩展角部的火焰清理面积；

（4）对坯料采取缓冷，控制坯料的缓冷温度不低于400℃。

图5-94　典型钢板表面微裂纹之一

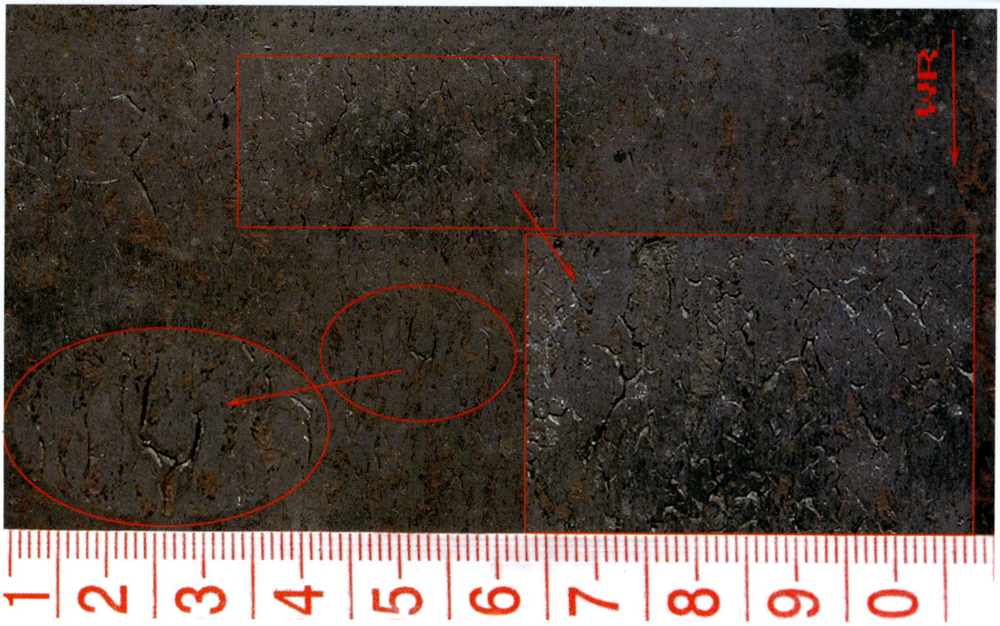

图 5-95 典型钢板表面微裂纹之二

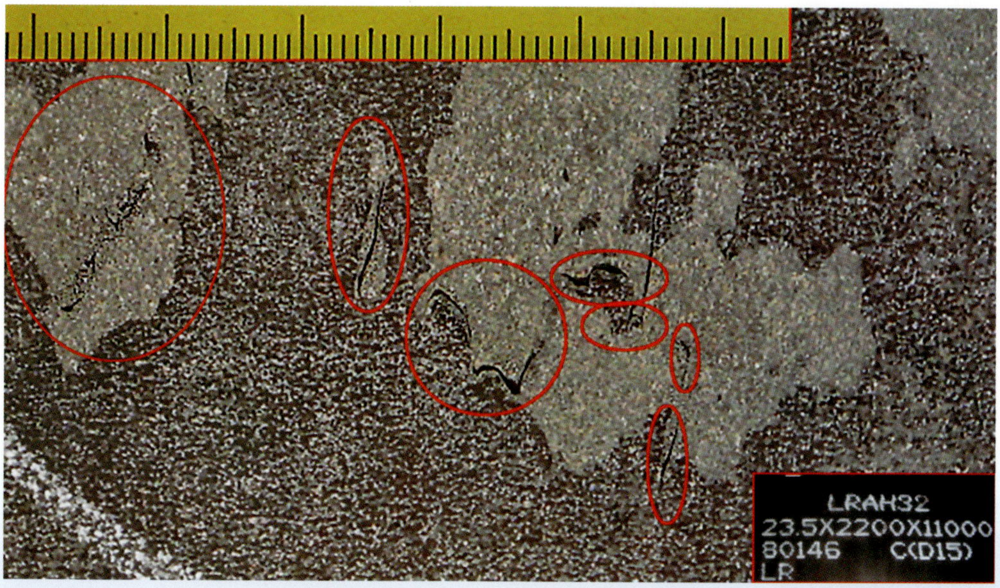

图 5-96 典型钢板表面微裂纹之三

图 5–97　典型钢板表面微裂纹之四

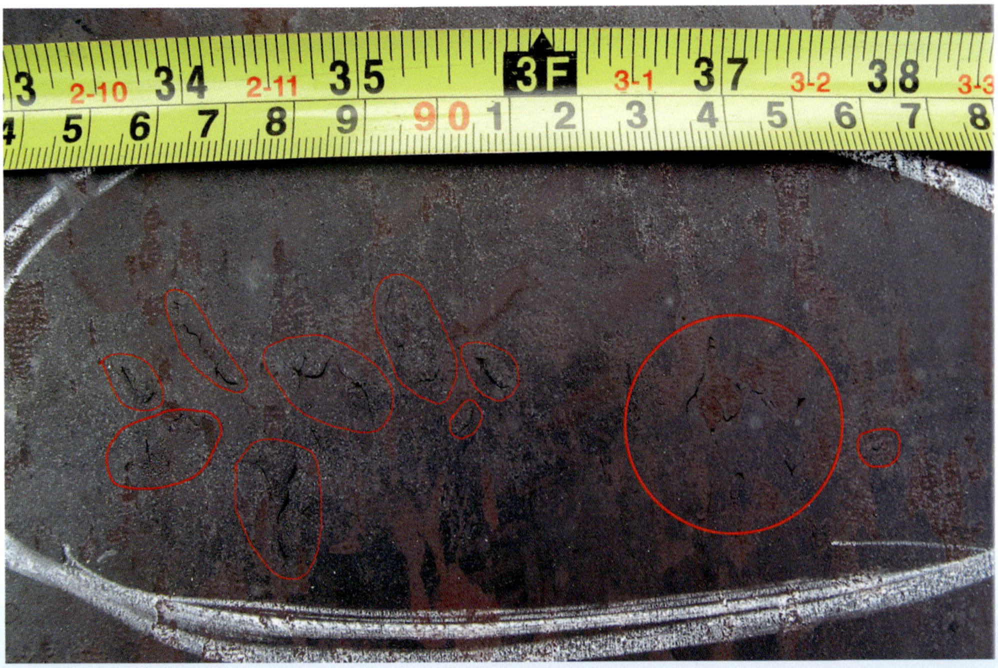

图 5–98　典型钢板表面微裂纹之五

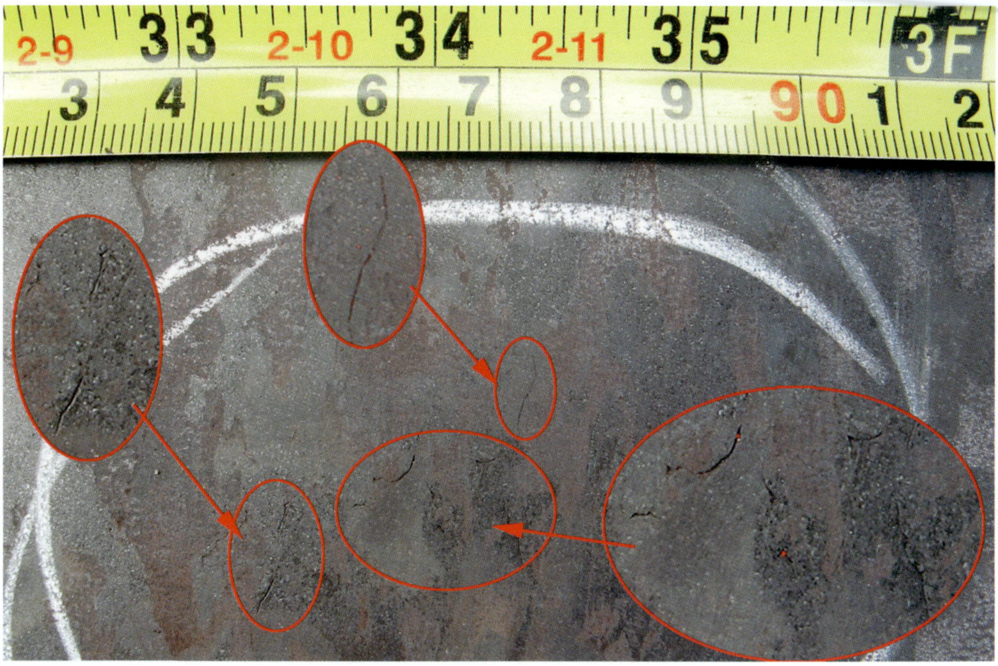

图 5-99　典型钢板表面微裂纹之六

图 5-100　典型钢板表面微裂纹之七

图 5-101　典型钢板表面微裂纹之八

图 5-102　典型钢板表面微裂纹之九

图 5-103 典型钢板表面微裂纹之十

图 5-104 典型钢板表面微裂纹（酸洗后）之一

图 5-105　典型钢板表面微裂纹（酸洗后）之二

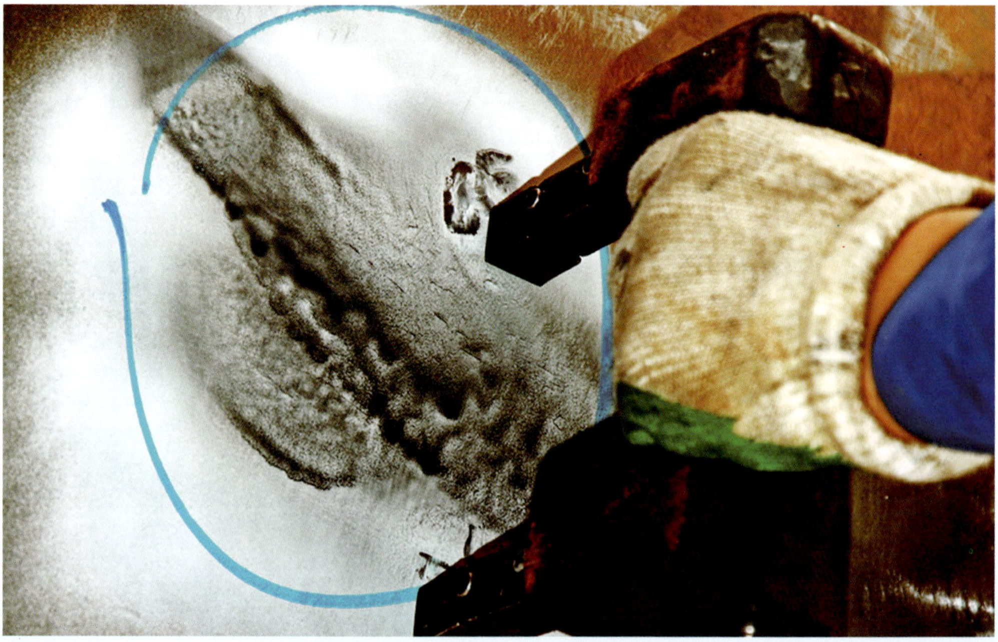

图 5-106　典型钢板表面微裂纹（喷丸后经磁粉检测）之一

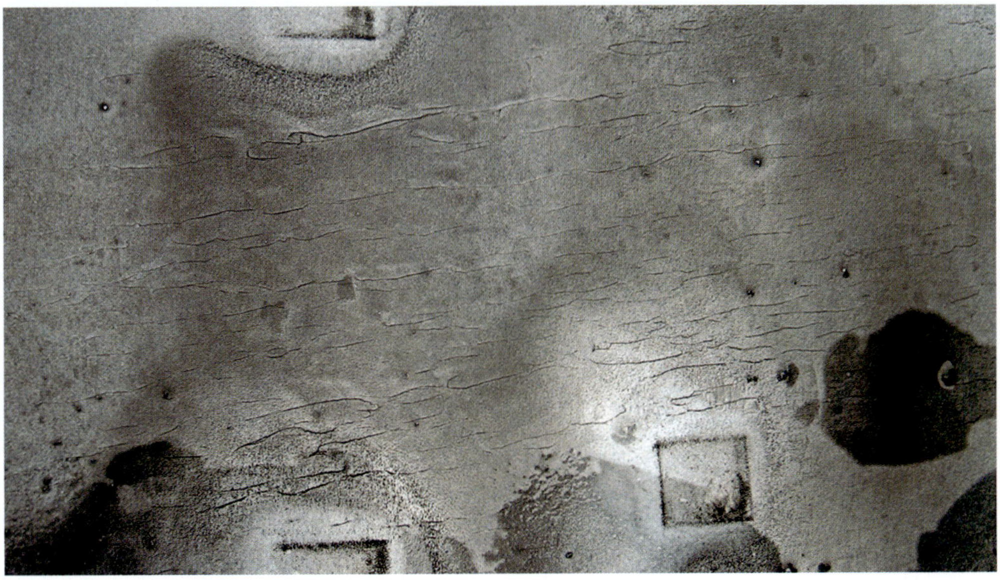

图 5-107　典型钢板表面微裂纹（喷丸后经磁粉检测）之二

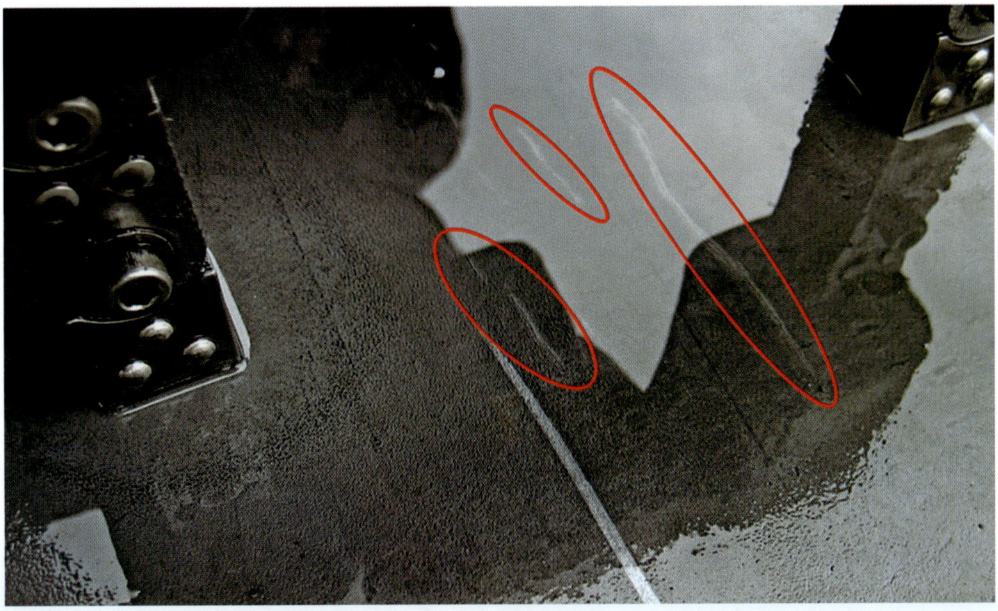

图 5-108　典型钢板表面微裂纹（喷丸后经磁粉检测）之三

图 5-109　典型钢板表面微裂纹（喷丸后经磁粉检测）之四

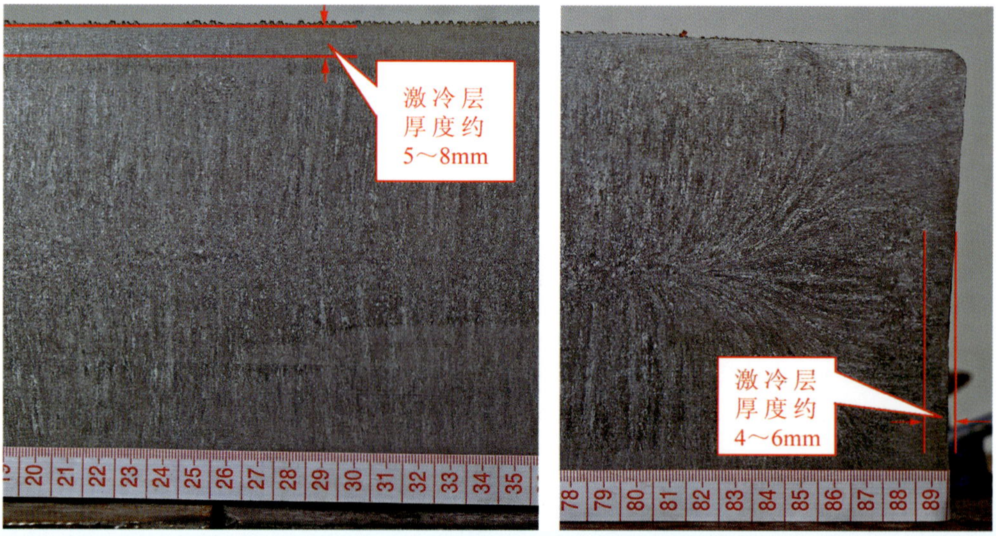

图 5-110　铸坯激冷层厚度示意图

图5-111 酸洗后发现的微裂纹

5.7 带状裂纹 banded crack

特征：在钢板表面上的分布面积较狭长，由各种形状不同、大小不一、个体之间相互渗透、单体面积不等的裂纹构成，整体表现为以条状或带状形态分布的裂纹在一定区域富集，条状或带状裂纹长度方向与钢板的轧制方向相同。这种缺陷在钢板表面呈现为单区域或多区域同时存在的形式，实例如图5-112～图5-119所示。

成因：主要是由于钢坯表面存在较为密集的不同形态的细小裂纹，在轧制中暴露、扩展，由于裂纹个体间距较小，使不同形态的裂纹相互渗透，从而在钢板表面形成较为密集的裂纹聚集区。

影响：条状或带状裂纹在大多数情况下是几个区域同时出现，其修磨后的深度基本上接近或超过钢板的负公差，严重的呈现出明显的沟槽，深度可达2mm以上。因此，它对钢板的使用和改判影响显著，判废的倾向很高。

图5-112　典型钢板表面带状裂纹之一

图 5-113 典型钢板表面带状裂纹之二

图 5-114 典型钢板表面带状裂纹之三

图5-115　典型钢板表面带状裂纹之四

图5-116　典型钢板表面带状裂纹之五

图 5-117　典型钢板表面带状裂纹之六

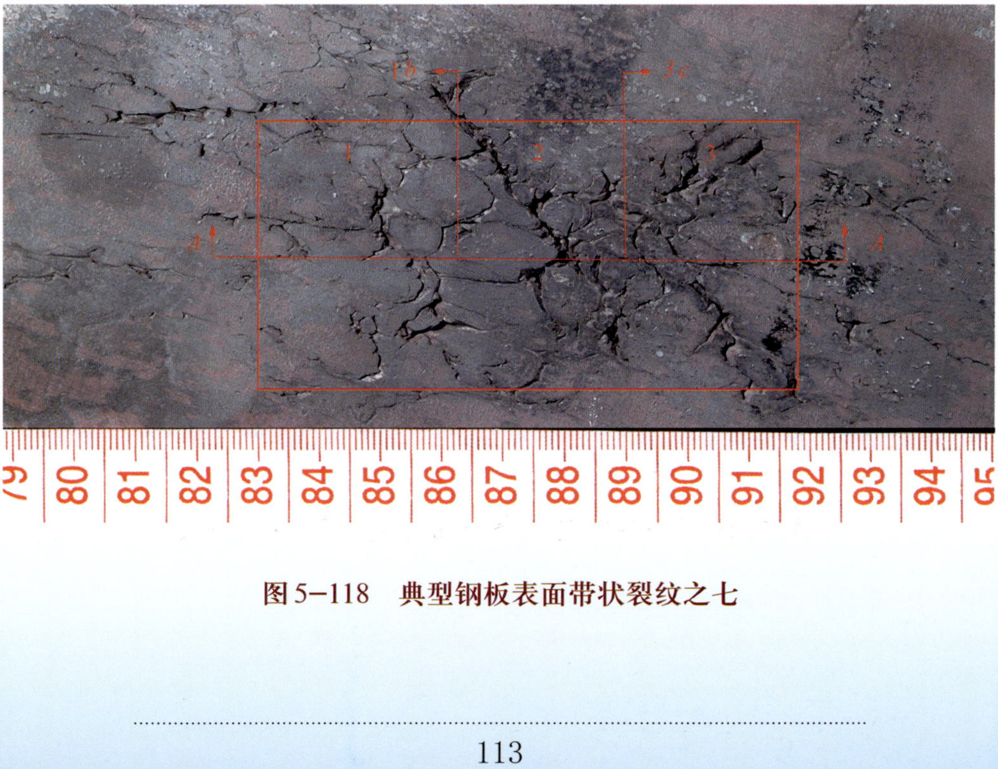

图 5-118　典型钢板表面带状裂纹之七

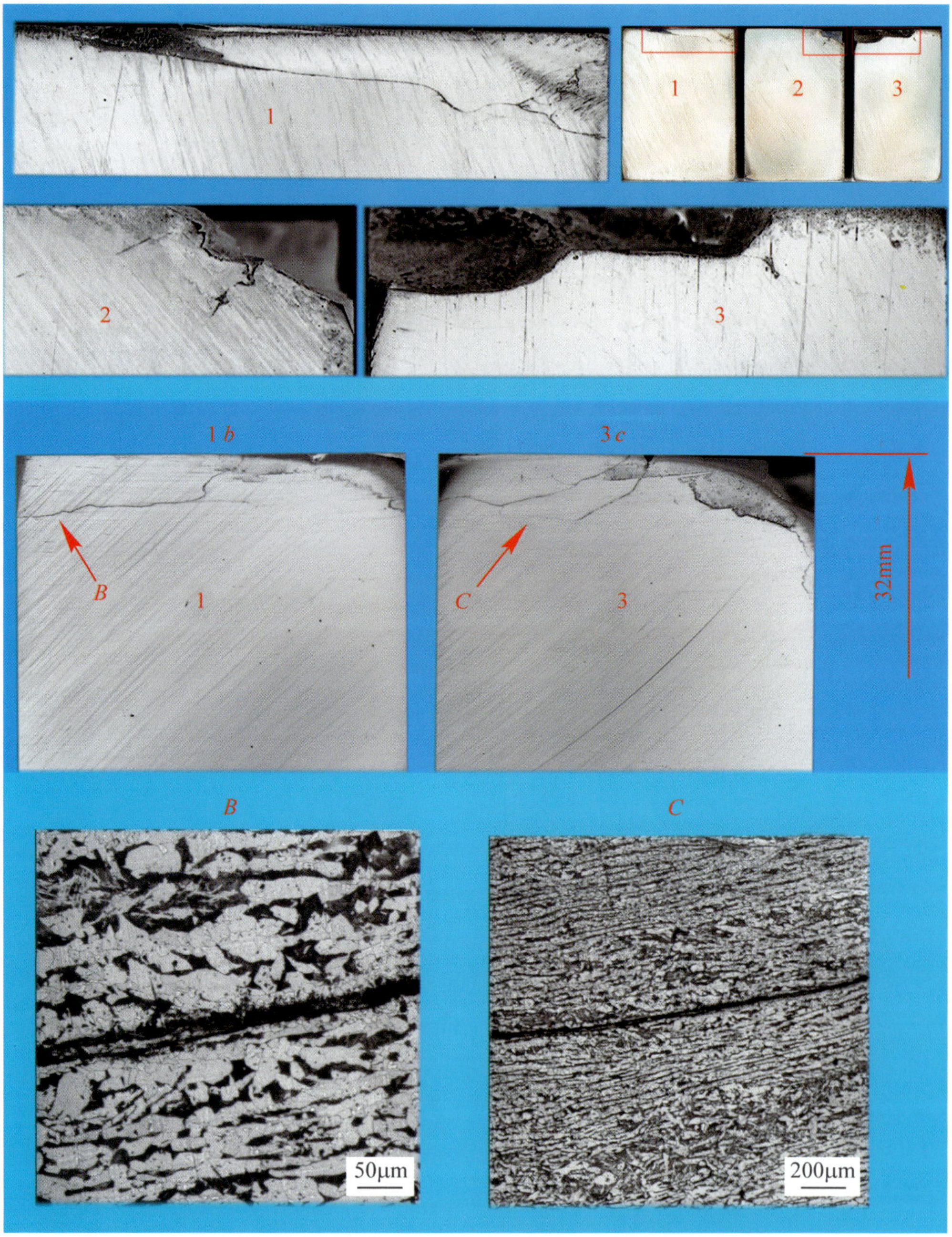

图 5−119　图 5−118中裂纹解剖面及其周边金相组织

5.8 星裂 star crack

特征：在钢板表面分布着形状类似于簇状、不闭环多边形等形态较为复杂，深浅不一、清晰可见的裂纹。由于这种裂纹大多呈现为多边形的星状，故通称为星形裂纹。一般沿轧制方向呈带状分布，有的呈弥散分布、有的呈密集分布，裂纹内多含有硅酸盐等夹杂物。通常低合金钢种比普碳钢发生星裂的几率高，一般钢板越厚，出现星裂的几率就越高。实例如图5-120～图5-134所示。

成因：星裂大多出现在锰、硅、铜、铝含量较高的钢种。来源于钢中或结晶器的铜原子在高温下有较高的自由能，容易向晶界扩散并富集在初生的奥氏体晶界上。硅酸盐类夹杂物也随钢水的流动富集在奥氏体晶界上。这都大大降低了晶界的强度。在钢坯的冷却过程中，由于晶粒收缩而在钢坯表面形成星形裂纹。这种带有星状裂纹的钢坯在加热时，裂纹间隙周边受到高温氧化气氛的侵蚀，出现脱碳层和魏氏组织，在轧制中由于表面的延展加剧了钢坯原生裂纹的扩展和演变。

影响：星裂对钢板质量的影响程度取决于星裂在钢板表面的分布状态，通常呈弥散分布的星裂其深度较浅，大多数情况下清理后不超过钢板的负公差；呈较密集带状分布的星裂其深度基本上都超过钢板的负公差，对钢板的判定影响较大，判废的倾向性较高。

预防：

（1）结晶器铜板表面应镀镍或镀镍合金，防止铜结晶器和坯壳直接接触，减少铜的渗透；

（2）采用热装热送缩短钢坯到加热炉的时间，减少铜原子的富集量；

（3）采用低黏度的结晶器保护渣，结晶器侧面弱冷却，减少结晶器中热流及其波动，降低热应力，并合理控制结晶器给水温度；

(4) 降低钢中的Cu、Sn、S等元素的原始含量，使钢中残余成分$w(Cu)<0.20\%$、$w(Mn)/w(S)>40$；

(5) 合理控制钢坯加热制度，防止过热、过烧，制定合理的轧制工艺，增加钢坯压缩比。

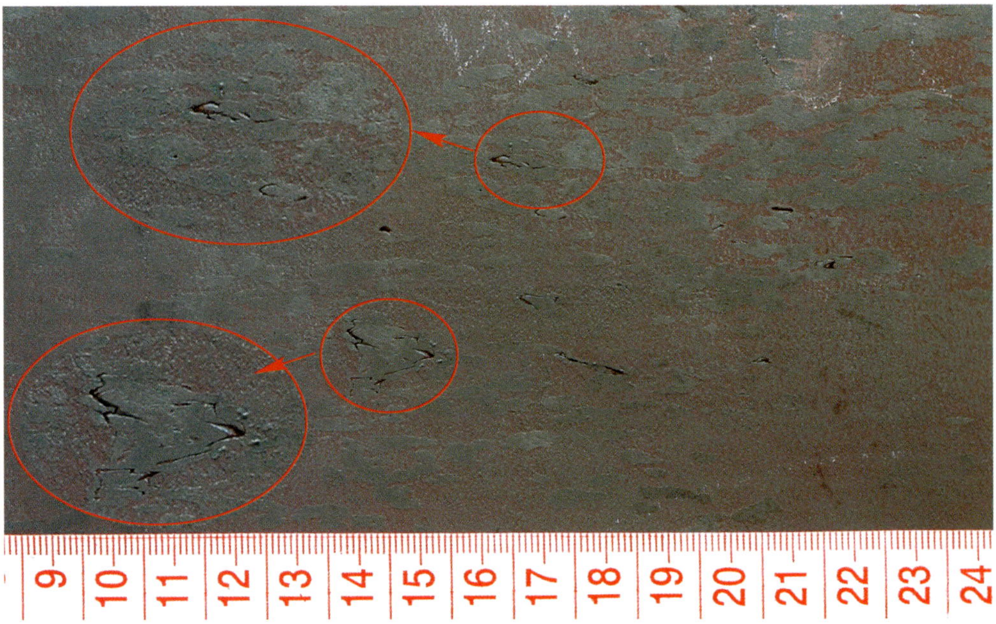

图5-120　典型钢板表面星裂纹之一

图5-121　典型钢板表面星裂纹之二

图 5-122　典型钢板表面星裂纹之三

图 5-123　典型钢板表面星裂纹之四

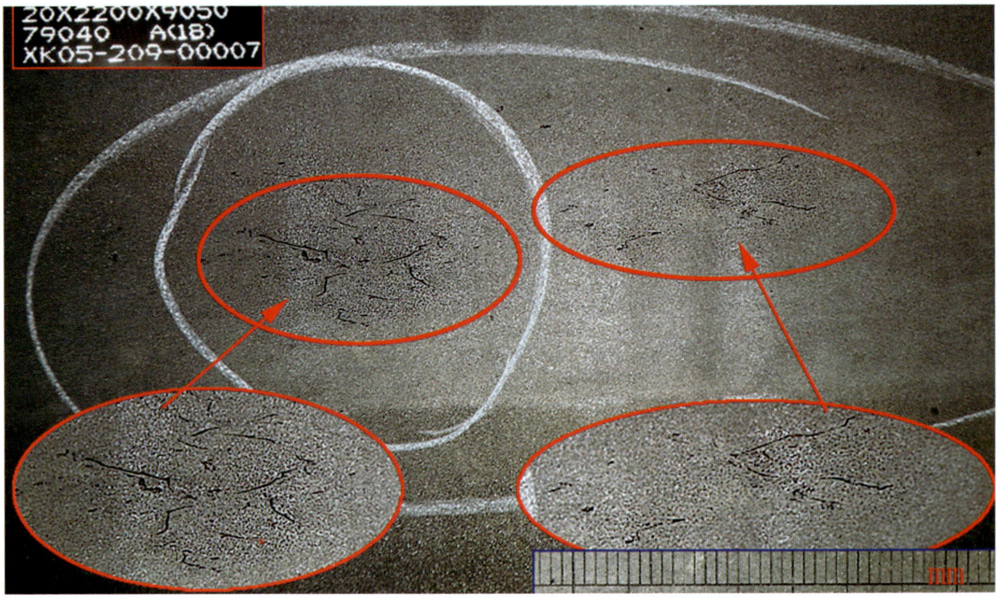

图 5-124　典型钢板表面星裂纹之五

图 5-125　典型钢板表面星裂纹之六

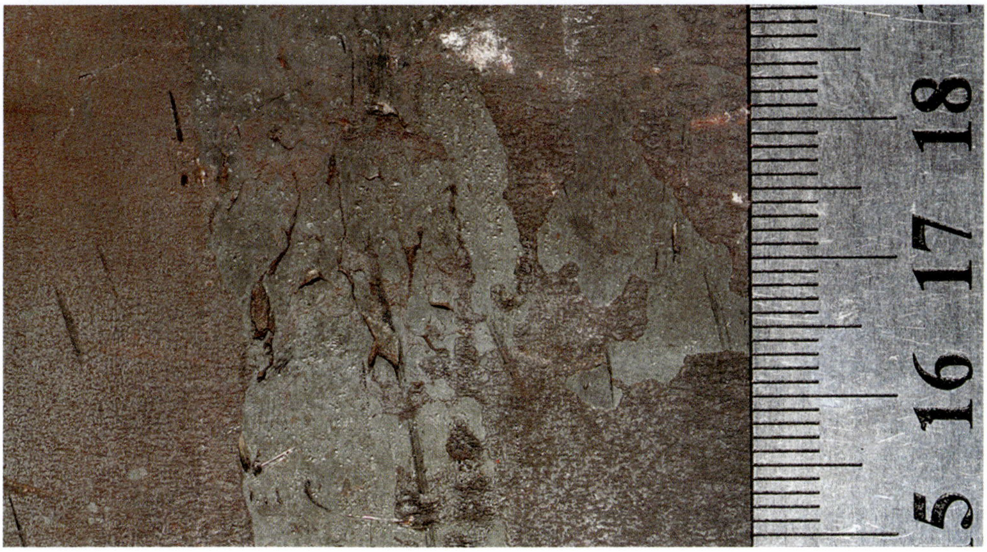

图 5-126 典型钢板表面星裂纹之七

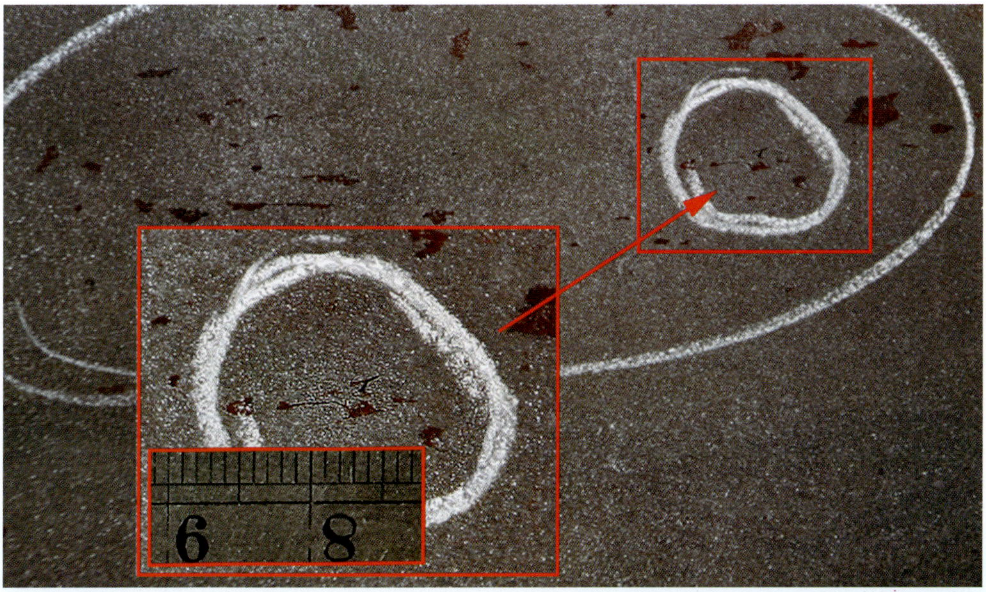

图 5-127 典型钢板表面星裂纹之八

图 5-128　典型钢板表面星裂纹之九

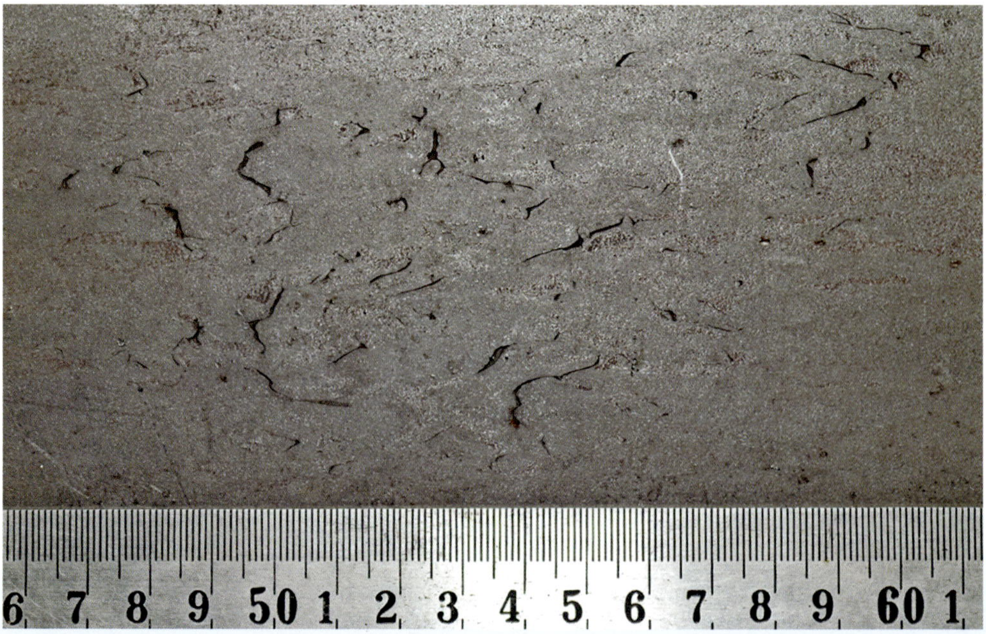

图 5-129　典型钢板表面星裂纹之十

图 5-130　典型钢板表面星裂纹之十一

图 5-131　典型钢板表面星裂纹之十二

图 5-132　典型钢板表面星裂纹之十三

图 5-133　典型钢板表面星裂纹之十四

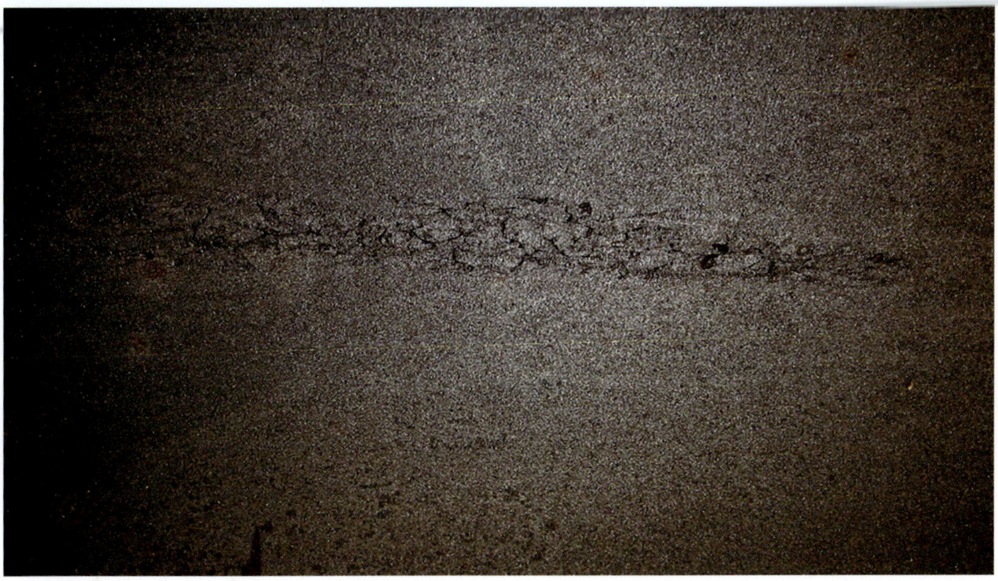

图 5-134　典型钢板表面星裂纹之十五

6 气泡 blister

特征：在钢板表面出现无规律分布的、或大或小的鼓包，外形比较圆滑。气泡开裂后，裂口呈不规则的缝隙或孔隙，裂口周边有明显的胀裂产生的不规则“犬齿”，裂口的末梢有清晰的线状塌陷，裂口内部有肉眼可见的夹杂物富集。实例见图6-1～图6-9。

成因：钢板表面气泡缺陷多由于铸坯气泡缺陷，在轧制时，气体体积缩小，压力增大而产生鼓包并呈现在钢板局部表面上导致的。

铸坯表面气泡生成的主要原因有：

(1) 中间包水口对中不良或保护渣质量差。保护渣卷入钢水后产生的含有非金属夹杂的气囊，此类缺陷表面处呈青色；

(2) 钢水脱氧不足容易产生气泡。随着温度的降低，碳氧反应的平衡会发生移动，钢中C-O平衡被破坏，由C-O反应生成一氧化碳气体，当一氧化碳气体的分压大于钢液静压力与大气压力之和时，就产生一氧化碳气泡。在钢液的凝固过程中，这些气泡被树枝晶捕集或受到已凝固表面层的阻碍而不能从钢坯中逸出，就会在钢坯中富集，凝固时就会形成铸坯皮下气泡；

(3) 钢水中氢等气体含量高。当钢水温度降低时，由于在钢中溶解度下降，就会从钢液中析出，产生气泡。气泡的严重程度与钢水中气体含量多少有关。钢中气体含量少时常常产生铸坯皮下不足1mm的皮下针孔。仅仅分布于铸坯皮下深约15mm的范围内。钢中气体含量大时则出现直径较大的大气泡，并且分布在整个铸坯断面上，甚至于裸露于铸坯表面。

影响：使钢板一处或多处甚至大面积出现闭合或开裂的气隙及腔隙，通常情况下都造成钢板的判废。

预防：

(1) 结晶器的浸入式水口插入深度要适当，从而改善夹杂物及气泡的上浮；

（2）与钢液直接接触的所有耐火材料，如大包、中间包及保护渣、覆盖剂等必须干燥，防止结晶器渗水，以减少氢的来源；做好保护浇注，减少氮的来源；

（3）要强化脱氧，如钢中溶解铝大于0.008%，可以消除CO气泡的生成；

（4）通过精炼处理等措施，降低钢中氢等气体含量，对钢水完全脱氧等措施，防止皮下气泡的产生。

图6-1 钢板表面典型气泡缺陷之一

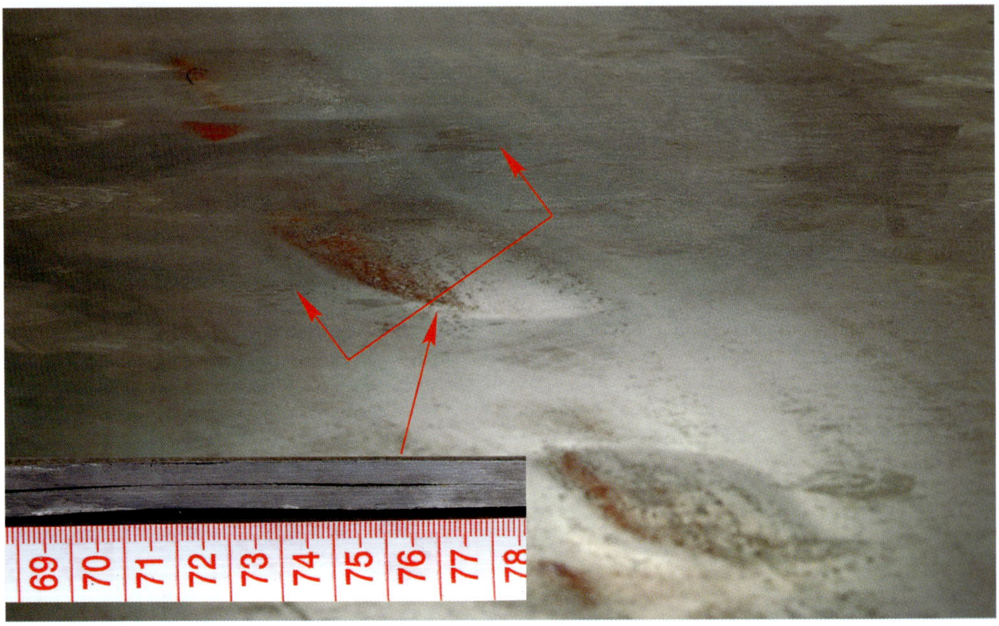

图6-2　钢板表面典型气泡缺陷之二

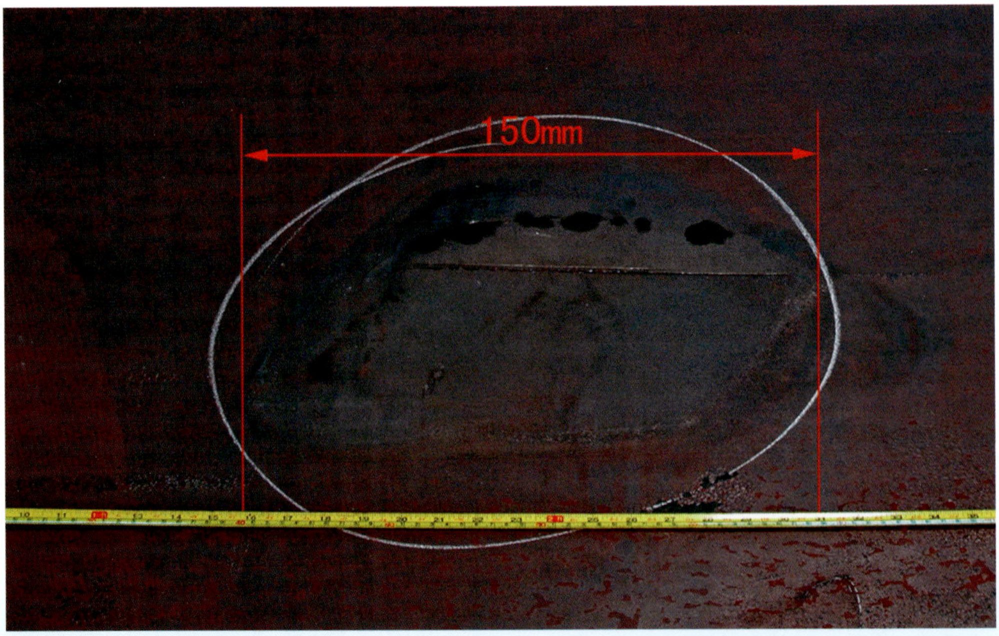

图6-3　钢板表面典型气泡缺陷之三

图6-4 钢板表面典型气泡缺陷之四

图6-5 钢板表面典型气泡缺陷之五

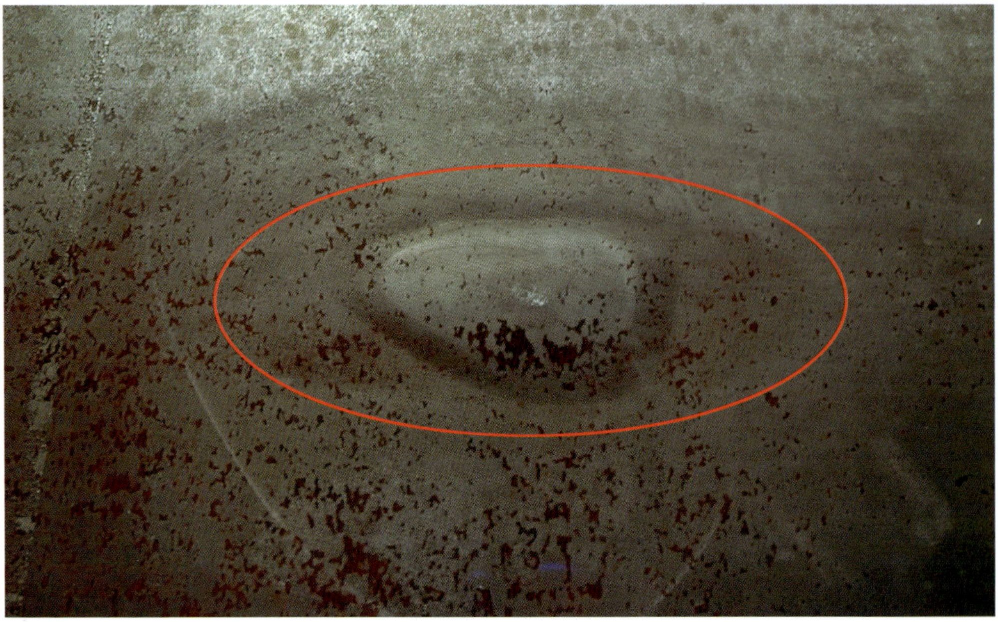

图6-6　钢板表面典型气泡缺陷之六

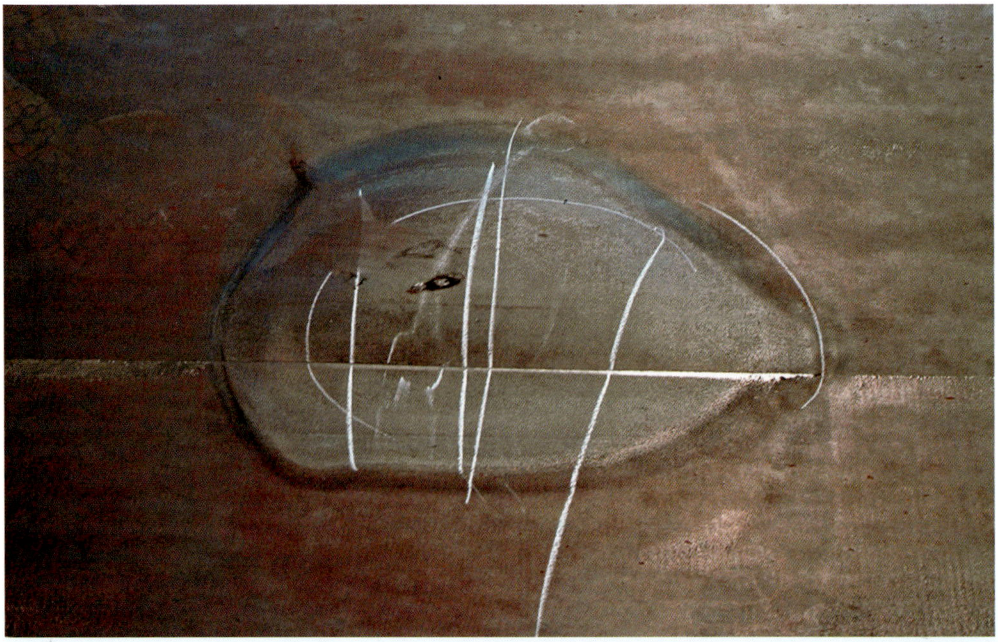

图6-7　钢板表面典型气泡缺陷之七

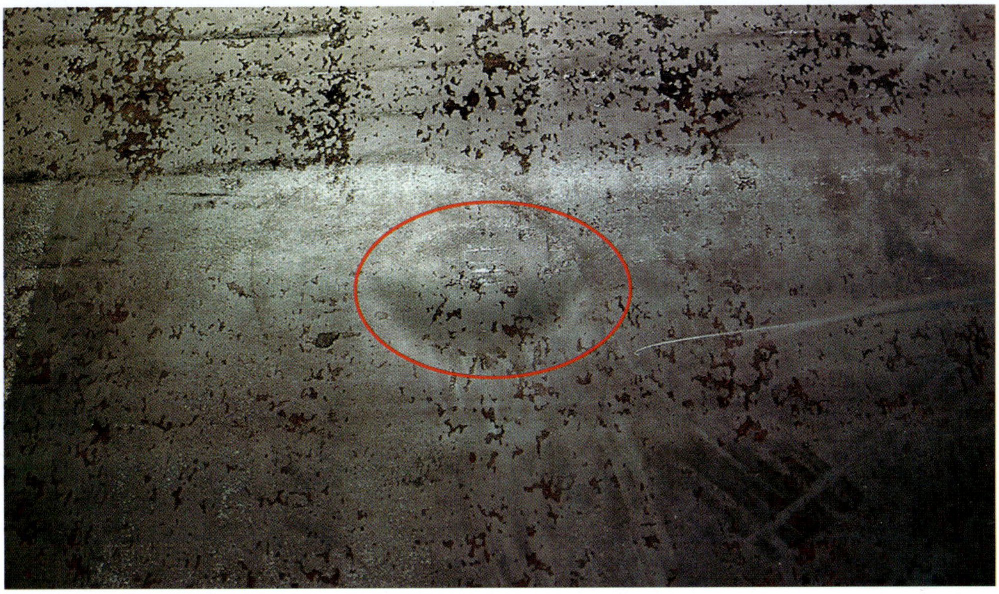

图6-8 钢板表面典型气泡缺陷之八

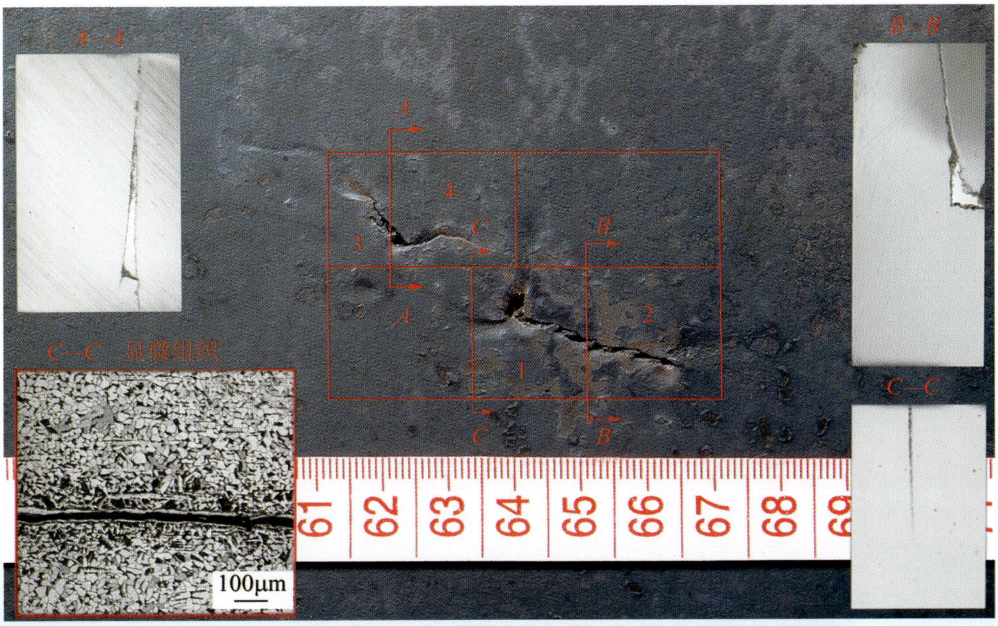

图6-9 表面气泡解剖面及金相组织图

7 折叠 overlap

特征：在钢板表面局部相互折合的双层金属。外形呈现出舌状、连续山峰状、条状等不规则形态。

影响：折叠对钢板表面质量的影响取决于其凹痕的深度，与轧制钢板的厚度有一定的关系，严重的造成整张钢板改尺或改判。

预防：

（1）严格坯料质量检查，缺陷清理不合格的坯料不投产，如图7-1～图7-3所示；

（2）控制轧件的抛出速度，保持适当的下压力，避免轧件下扣与机架辊、辊道撞击；

（3）加强机前机后辊道的点检，避免出现“死辊”。

图7-1　铸坯表面清理产生的沟槽和凹坑之一

图7-2 铸坯表面清理产生的沟槽和凹坑之二

图7-3 铸坯表面清理产生的沟槽和凹坑之三

7.1 轧制折叠 rolling overlap

特征：钢板表层金属相互折合，其缝隙与表面倾斜一定角度，内有较多的氧化铁皮，常呈通长的直线形，也有局部或断续地呈曲线形或锯齿形分布在表面上，实例见图7-4～图7-16，其中图7-8～图7-13为钢板经喷丸处理后显露出的折叠，图7-14～图7-16所示为折叠压薄金属层脱落后的形貌。

成因：轧制时，因卫板安装不当或松动、个别机架辊磨损后产生的尖角对钢板表面的刮划，形成的表层金属褶皱或开裂、翻翘，如图7-4所示；轧件被严重划伤或撞击产生局部开裂形成折皱；加热炉滑轨划伤导致钢坯下表面金属褶皱或开裂，如图7-5～图7-7所示。上述几种情况在轧制中叠压形成折叠。

影响：在钢板表面上的数量较少，形成凹痕的深度一般情况下小于冶炼折叠，且容易脱落。

图7-4　轧制时钢板表面刮伤形成的折叠

图7-5　轧制时钢板局部开裂形成的折叠之一

图7-6　轧制时钢板局部开裂形成的折叠之二

图7-7　轧制时钢板局部开裂形成的折叠之三

图7-8　喷丸后的典型折叠形貌之一

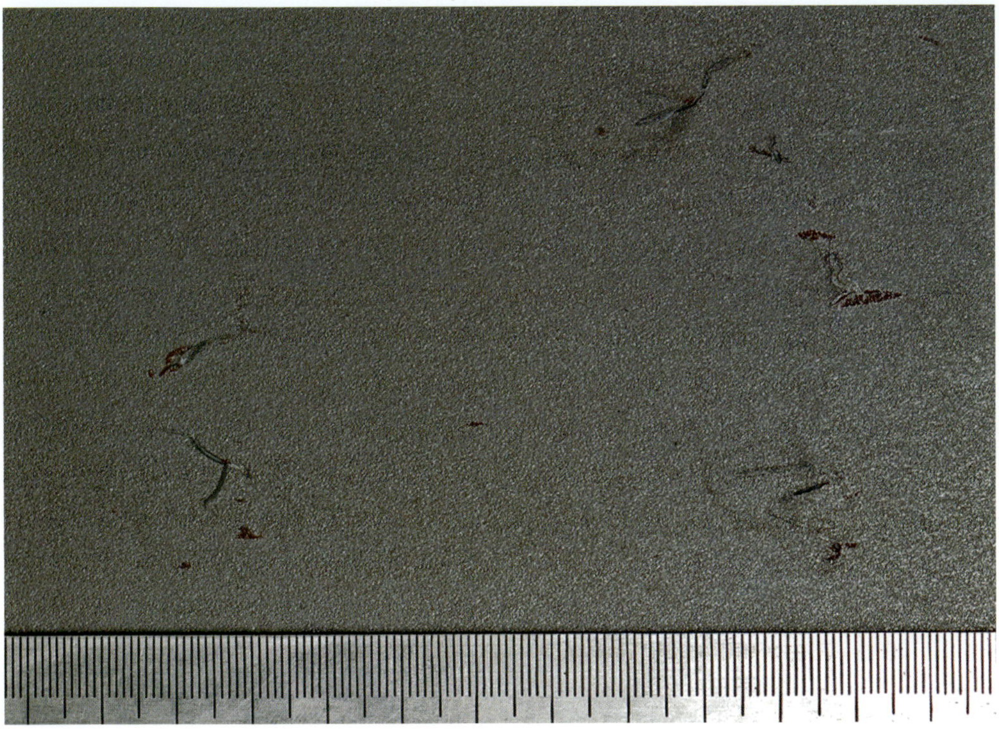

图7-9 喷丸后的典型折叠形貌之二

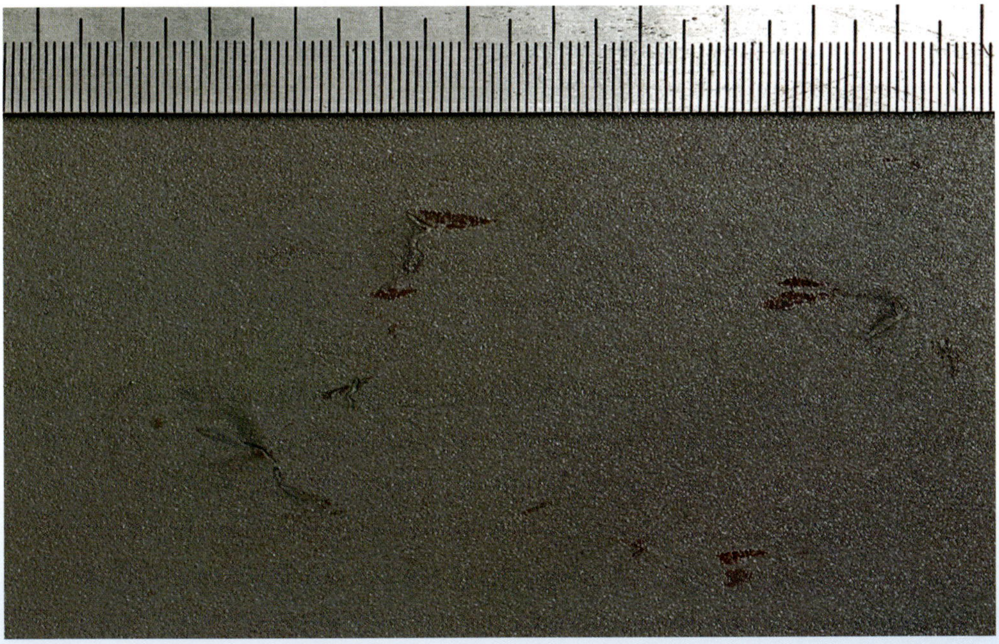

图7-10 喷丸后的典型折叠形貌之三

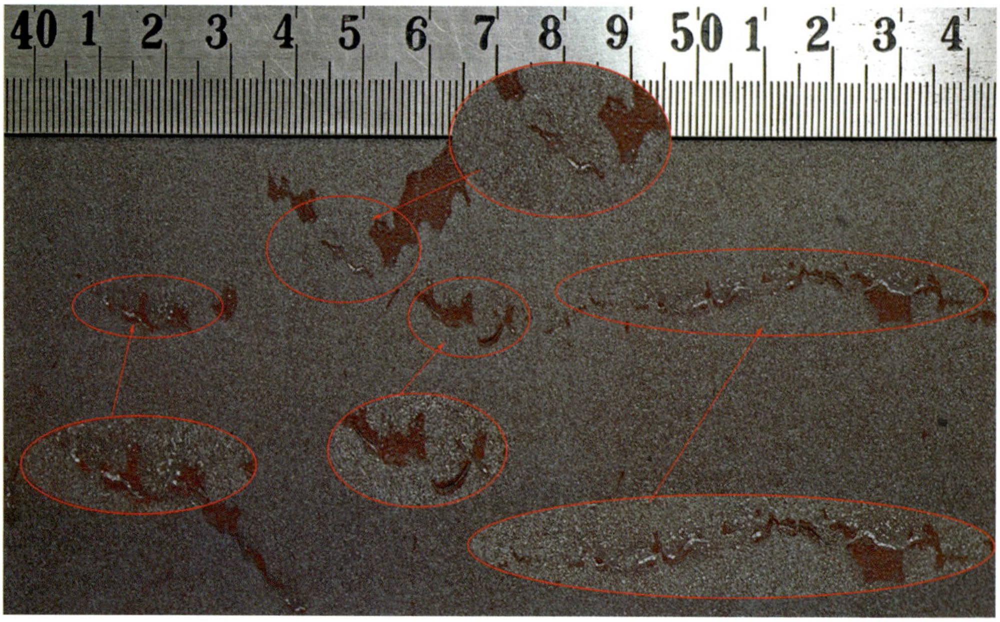

图7-11　喷丸后的典型折叠形貌之四

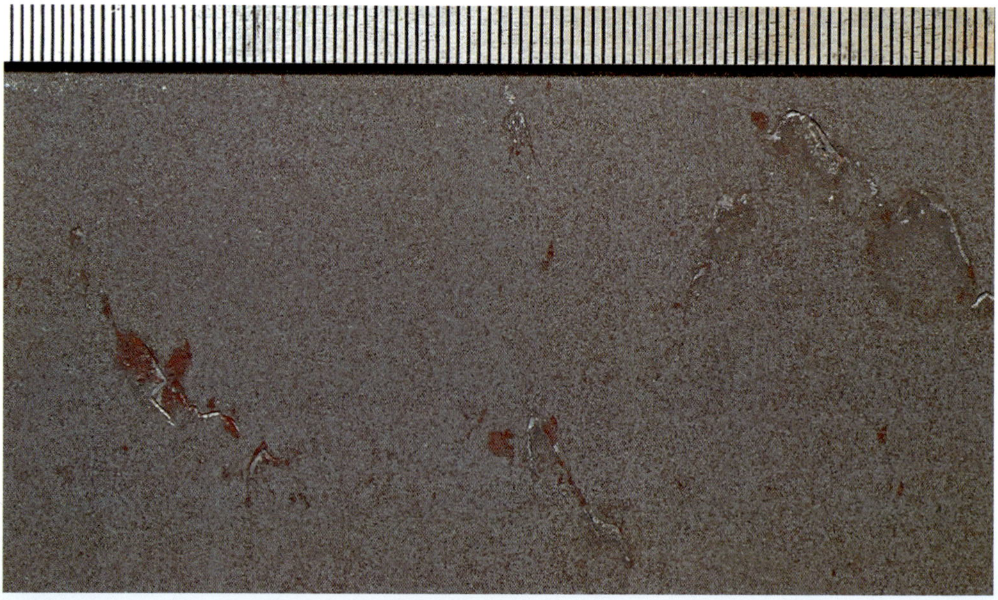

图7-12　喷丸后的典型折叠形貌之五

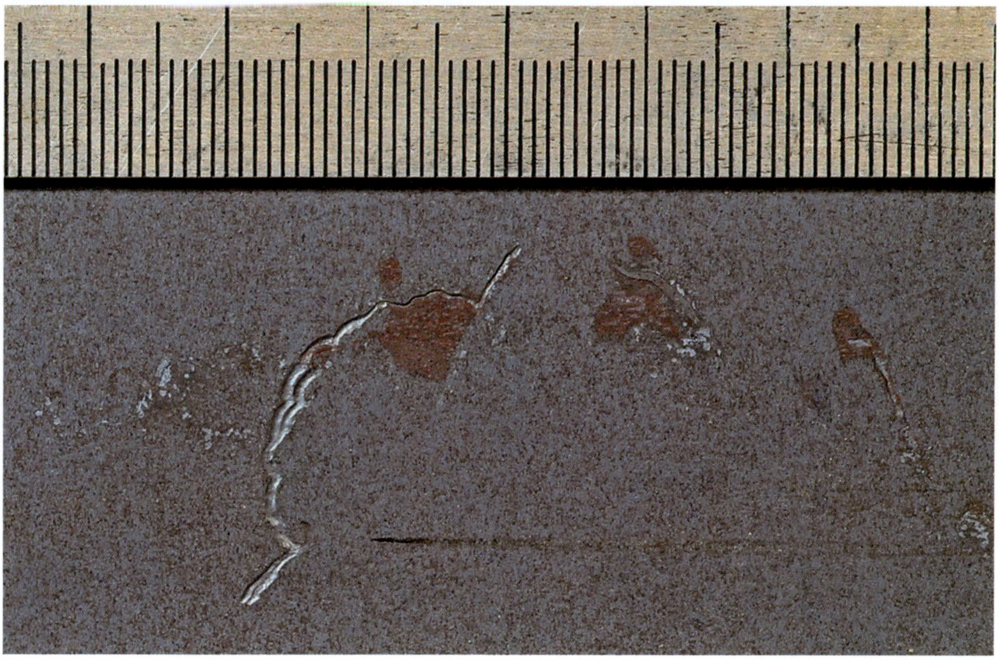

图7-13 喷丸后的典型折叠形貌之六

图7-14 折叠压薄金属层脱落后的表面形貌之一

图7-15　折叠压薄金属层脱落后的表面形貌之二

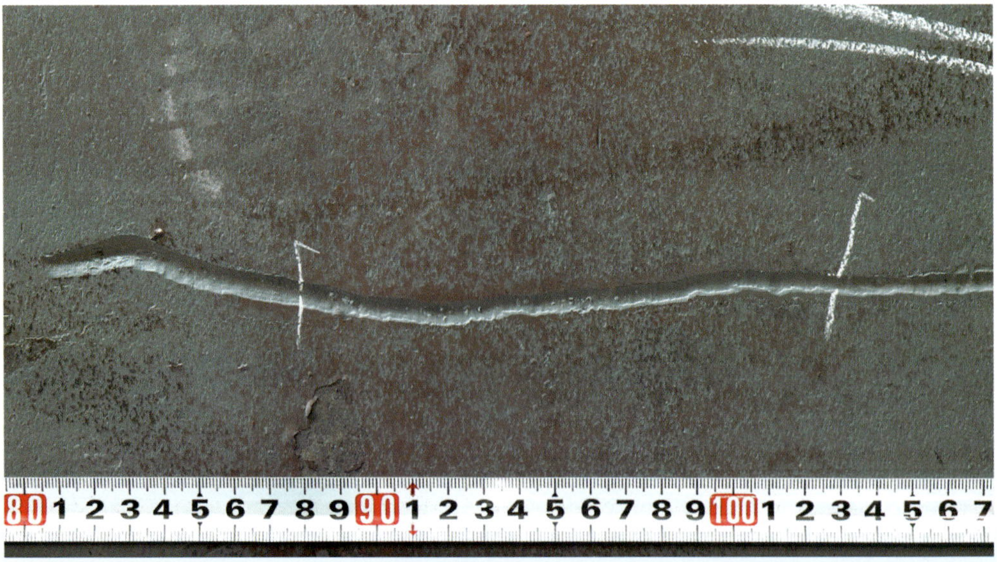

图7-16　折叠压薄金属层脱落后的表面形貌之三

7.2 冶炼折叠 smelting overlap

特征：钢板表面局部有相互折合的双层金属。表现为有一定规律连续或不连续的窄条状、“舌”状 、“山峰”状、封闭的环形或在加工使用中出现不规则的条形等形状的翘起与分离，实例如图7-17～图7-28所示。

成因：钢坯在结晶器内悬挂使凝固壳撕裂，由于结晶器的强冷，在撕裂处漏出的钢水立刻凝固在钢坯表面形成金属渗出履盖；钢坯表面有较深的沟槽，或有尖锐的棱角，钢坯在热态下撞击形成的褶皱、较严重的划伤形成的压折；钢坯表面进行缺陷清理后，火焰清理处的沟槽或凹坑的宽深比较小；上述几种情况轧制过程中由于表层延伸，形成双金属叠压。如图7-29～图7-31所示为铸坯在连铸机扇形段严重划伤所形成铸坯纵向折叠，图7-32所示为此种缺陷的坯料轧制后在钢板表面上形成的折叠。

影响：通常在钢板表面形成的折叠面积较大，凹痕有一定的深度，对钢板的改判影响较大。

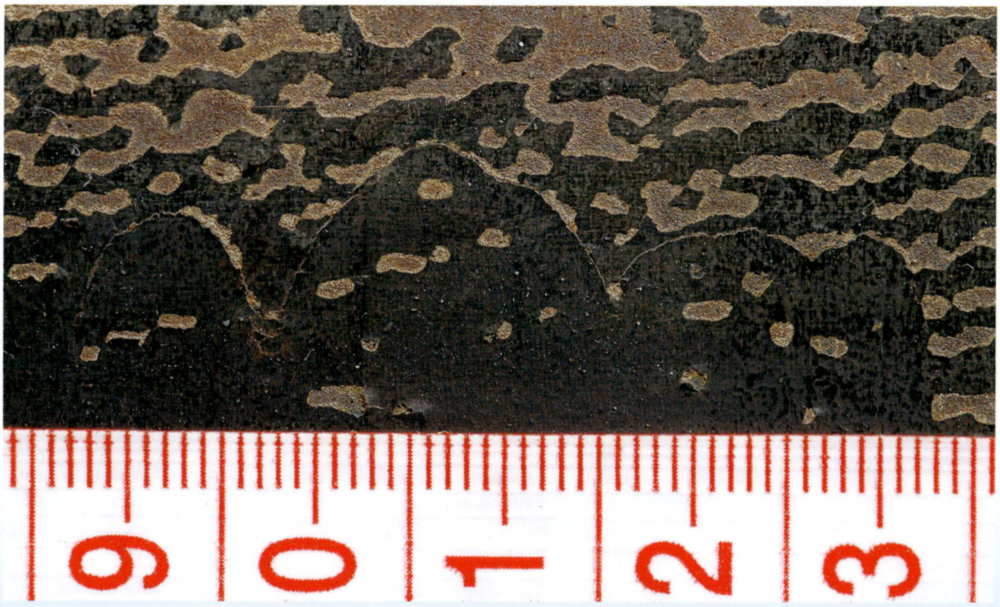

图7-17 典型钢板表面冶炼折叠之一

图7-18　典型钢板表面冶炼折叠之二

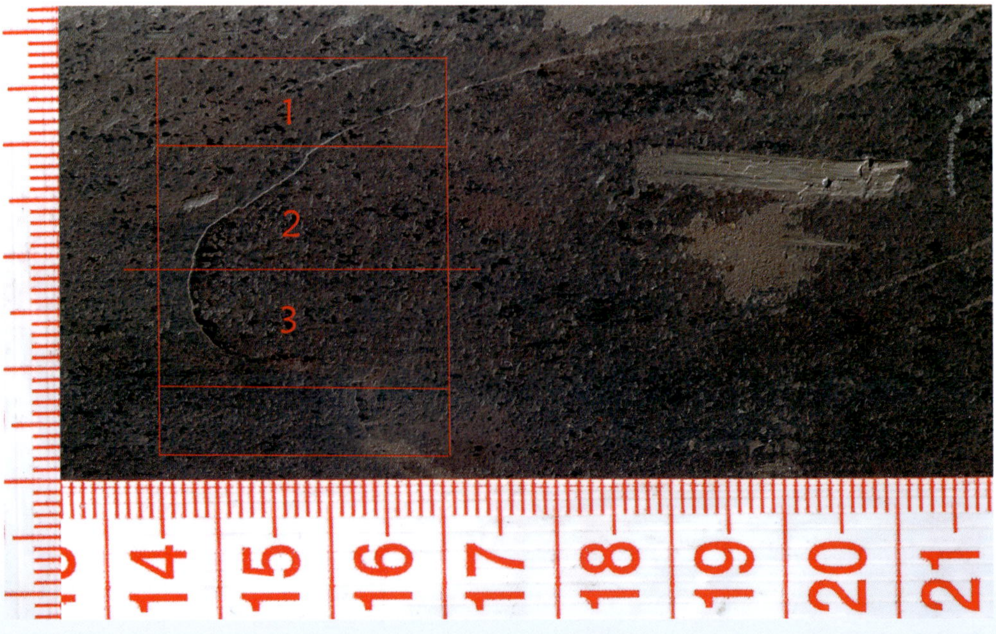

图7-19　典型钢板表面冶炼折叠之三

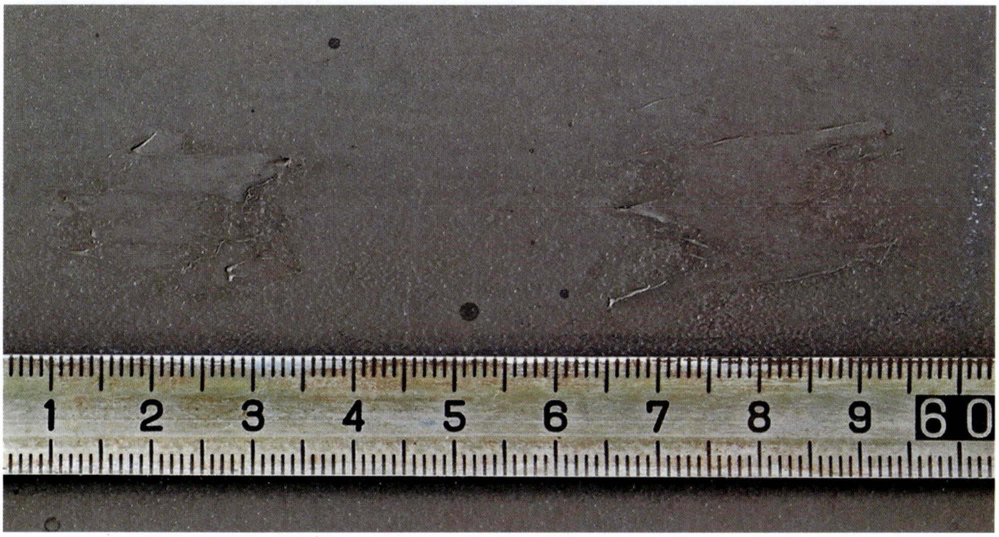

图7-20 典型钢板表面冶炼折叠（抛丸后）之四

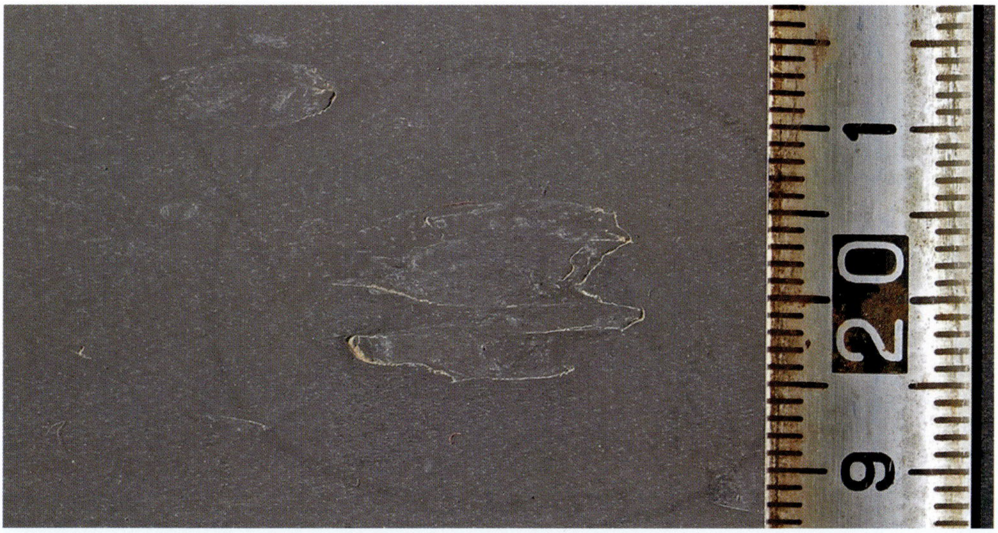

图7-21 典型钢板表面冶炼折叠（抛丸后）之五

图7-22　典型钢板表面冶炼折叠之六

图7-23　典型钢板表面冶炼折叠之七

图7-24 典型钢板表面冶炼折叠之八

图7-25 典型钢板表面冶炼折叠之九

图7-26 典型钢板表面冶炼折叠之十

图7-27 典型钢板表面冶炼折叠之十一

图7-28 冶炼原因形成的重皮

图7-29 铸坯表面纵向折叠之一

图7-30　铸坯表面纵向折叠之二

图7-31　铸坯表面纵向折叠之三

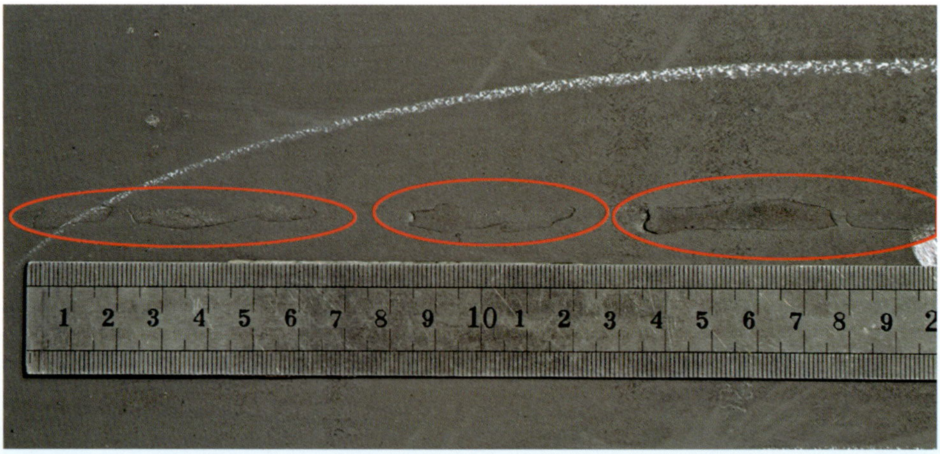

图7-32　由铸坯表面折叠形成的钢板表面折叠

8 结疤 seam/rolling skin

特征：钢板表面呈现为舌状、块状或鱼鳞状压入或翘起的金属片：一种是与钢的本体相联结，并折合到表面上不易脱落，另一种与钢的本体无联结，但粘合到表面，易于脱落。结疤大小不一、深浅不等，结疤下常附着较多的氧化铁皮或夹杂物。实例如图8-1～图8-14所示，其中图8-7所示为轧机出口上护板粘附的金属物压入形成的结疤，图8-9～图8-14所示为压入物被翘起脱落后形成的较深凹痕，图8-14所示为结疤伴有横裂纹。

成因：钢坯在热态下表面黏结有外来的金属物，如钢坯热切割时火焰切割渣铁的黏结、在辊道上输送时辊道表面粘附物（金属或金属氧化物）的压入、加热时滑轨表面粘附物的压入、使炉底处堆积过厚的氧化渣铁的粘附，在轧制过程中压入钢板表面。

影响：结疤在钢板的分布较为分散，通常数量较少，面积有小有大，但修磨后凹痕的深度大都超过钢板的负公差之半，对钢板判定有一定的影响。

预防：提高钢坯的质量，搞好钢坯表面的清理，避免外来金属或金属氧化物的粘附与溅落。

图8-1 典型钢板表面结疤之一

图8-2 典型钢板表面结疤之二

图8-3　典型钢板表面结疤之三

图8-4　典型钢板表面结疤之四

图8-5　典型钢板表面结疤之五

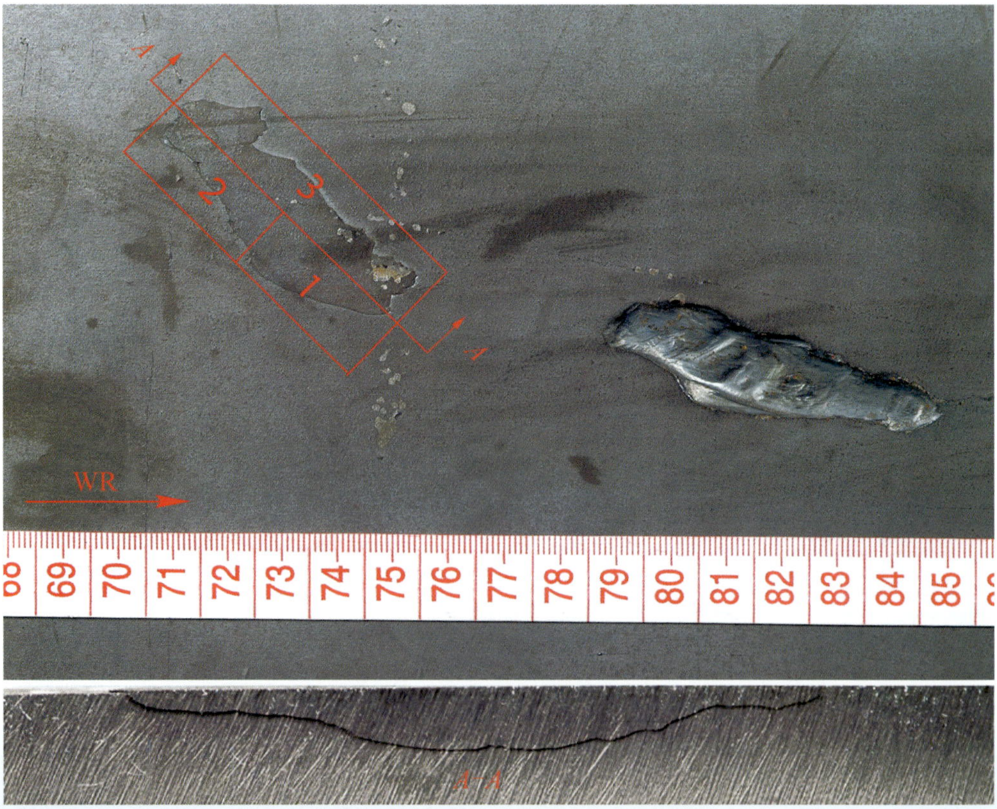

图8-6　钢板表面结疤解剖面图

图8-7　轧机出口上护板粘附的金属物压入形成的结疤

图8-8　钢板表面结疤脱落后形成的凹痕之一

图8-9　钢板表面结疤脱落后形成的凹痕之二

图8-10　钢板表面结疤脱落后形成的凹痕之三

图8-11 钢板表面结疤脱落后形成的凹痕之四

图8-12 钢板表面结疤脱落后形成的凹痕之五

图8-13　钢板表面结疤脱落后形成的凹痕之六

图8-14　钢板表面结疤脱落后形成的凹痕之七

9 网纹 netting crack

特征：钢板表面呈现龟背状或其他形态网状的凸起纹络，实例如图9-1～图9-3所示。

成因：轧制过程中，由于工作辊冷却水不合理、换辊周期较长、轧制时“卡钢”造成“烧辊”、轧辊制造的质量与轧辊材质选用问题等原因，在轧辊表面出现一至多条连续或局部的龟背状或其他形态的网状裂纹，有时因轧辊质量问题产生的轧辊表面裂纹可布满整个辊面。这些裂纹，在轧制中压刻在钢板表面，从而形成凸起的纹络。

影响：网纹对钢板质量有较大的影响，严重粗糙了钢板的表面，大大影响了钢板的加工与使用。通常网纹凸起的高度与辊面的龟裂严重程度有关，判定取决于钢板的实际厚度加网纹的高度是否超过钢板的最大厚度，或者网纹的高度是否超过钢板的正公差。

预防：

(1) 控制好轧辊的转速，尤其是“咬入”速度的控制，防止“卡钢”、“啃钢”产生“烧辊”（轧辊的局部过热）；

(2) 控制好轧辊的冷却水，保持轧辊的良好冷却；

(3) 定时检查辊面，根据实际情况及时进行轧辊的更换；

(4) 轧辊的磨削要有一定的深度和光洁度，要消除辊面的各种损伤。

图9-1　典型钢板表面网纹之一

图9-2　典型钢板表面网纹之二

图9-3 典型钢板表面网纹之三

10 划伤 scuffing/scratch

划伤是中厚钢板常见外观缺陷，在轧制和输送的过程中，被设备、工具刮出的单条或多条沟痕状表面缺陷。存在于钢板表面沿纵向或横向，一般呈直线形，也有的呈曲线形，其长度、宽度、深度各异，肉眼可见底部。

一般纵向连续性划伤主要是轧机出口后的辊道不转引起；纵向间断性划伤主要是轧机出口后的辊道被动转动引起；纵向周期性划伤主要是轧辊或矫直辊以及辊道有粘铁，造成钢板表面周期性的划伤；横向划伤主要是冷床上料装置提升高度不够，造成下面横向被划伤。

划伤对钢板表面质量的影响取决于其深度、数量、长度和对钢板表面质量要求的严格程度。修磨处理量较大，修磨后深度不超过标准规定，不影响使用。

划伤根据钢板划伤时温度可分为热态划伤和冷态划伤。热态划伤的颜色与钢板表面颜色基本相同。冷态划伤的呈金属色或呈浅蓝色。

10.1 热态划伤 hot scratch

特征：热态划伤的颜色与钢板表面基本相同，划伤面呈较圆滑的边际，有着明显的沟槽的迹象。一般情况下，热态划伤沿钢板的纵向分布较多，有连续的，也有不连续的，个别情况下贯通钢板全长，实例如图10-1～图10-8所示。

成因：

(1) 热轧区域的辊道、移钢或翻钢设备有尖棱，轧件通过时被划伤；

(2) 钢板与机架辊、机前机后辊道、输送辊道、矫直辊道出现死辊或辊道不同步产生滑动刮擦。

预防：

(1) 保证机架辊、单传辊辊道正常运转，杜绝自由辊和死辊；

（2） 保证机架辊、单传辊辊面平滑；

（3） 设备操作到位，不损伤钢板表面。

图10-1 典型钢板表面热态划伤之一

图10-2 典型钢板表面热态划伤之二

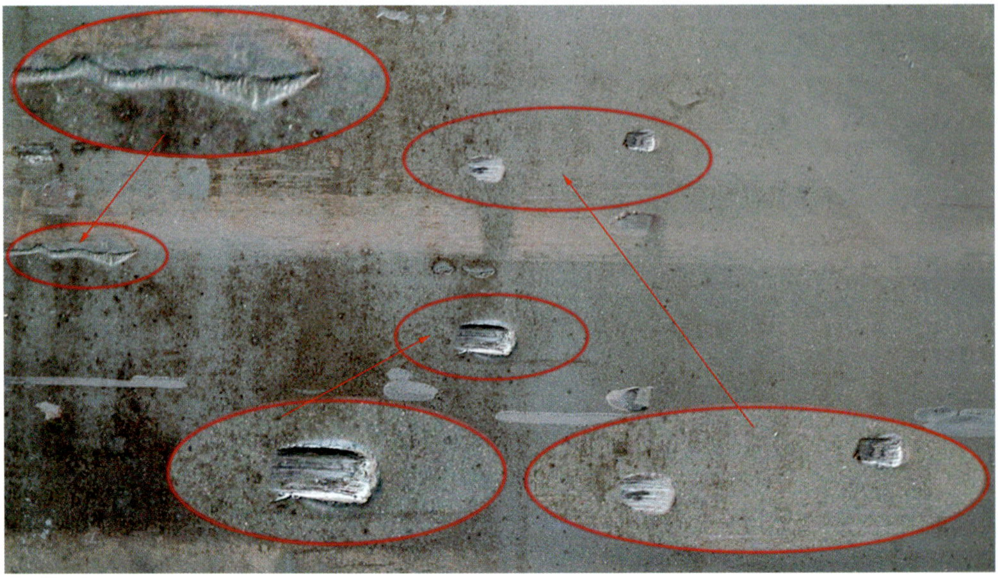

图10-3　典型钢板表面热态划伤之三

图10-4　典型钢板表面热态划伤之四

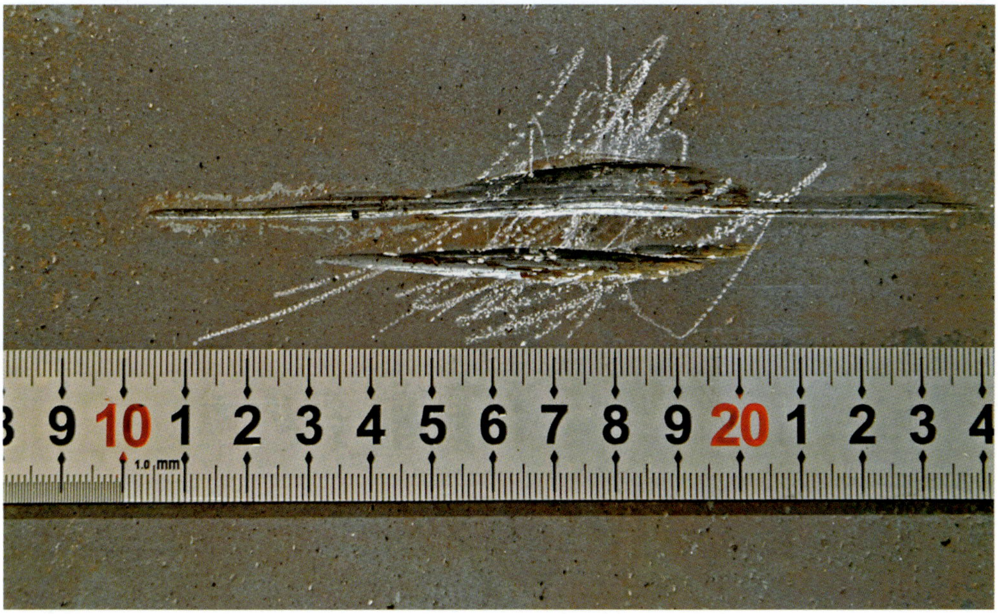

图10-5 典型钢板表面热态划伤之五

图10-6 典型钢板表面热态划伤之六

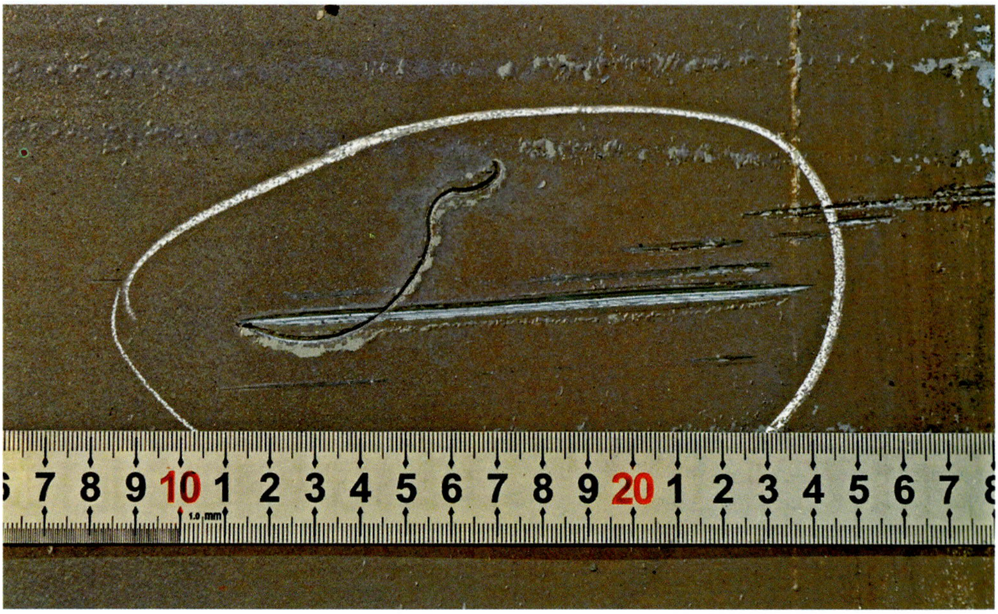

图10-7　典型钢板表面热态划伤之七

图10-8　典型钢板表面热态划伤之八

10.2 冷态划伤 cold scratch

特征：在钢板表面产生的多条较为密集深浅不一的沟槽，划伤面发亮或有金属光泽，边部有毛刺、起皮、褶皱、沟槽。实例如图10-9～图10-14所示。

成因：

（1）揭吊时钢板起升高度不够就纵向移动，下垂的头部划伤下面钢板的表面；

（2）定尺机抬升高度不够，钢板通过时划伤表面；

（3）钢板头、尾剪切毛刺在收集推齐时划伤钢板表面；

（4）吸板的磁砣起升高度不够，钢板通过时划伤表面；

（5）冷床链条卡死或台面存在尖锐棱角。

预防：

（1）调整剪刃间隙，杜绝毛刺出现；

（2）保证磁砣等设备与钢板接触面平滑无棱角；

（3）保证冷床链条、托辊、辊轮梁正常运行；

（4）避免钢板在横移和调运过程中与其他物体滑动接触，注意横向移钢设备的润滑和工况。

图10-9 典型钢板表面冷态划伤之一

图10-10 典型钢板表面冷态划伤之二

图10-11 典型钢板表面冷态划伤之三

图10-12 典型钢板表面冷态划伤之四

图10-13　典型钢板表面冷态划伤之五

图10-14　典型钢板表面冷态划伤之六

11 波浪 waviness

特征：钢板沿长度方向呈现高低起伏的波浪形状的弯曲，破坏了钢板的平直性。波浪有单侧、双侧、中间波浪三种形态，单侧波浪多出现在较厚的钢板上，双侧、中间波浪多出现在较薄的钢板中。实例如图11-1～图11-5所示。

成因：

(1) 工作辊的辊型与轧制的规格不匹配，轧辊的初始凸度配置不合理；

(2) 在更换新工作辊后，轧制规格的排产不合理，未能合理地掌握和运用辊型的最佳阶段。在辊凸度尚未建立与热辊型尚未形成前，或是在热辊型形成后未能及时转换“烫辊”的轧制方式，造成辊型老化，这两种情况不适用于“先宽后窄、先薄后厚”的轧制规则，排产时要视辊型的实际情况适时进行规格的调整，这样才能有效地控制板形，提高辊期的轧制量；

(3) 支承辊与工作辊的配置不合理，或者支承辊的辊期与轧制量制定的不合理，支承辊的更换不及时；

(4) 轧辊冷却不良导致的辊凸度的异常；

(5) 轧辊的不均匀磨损出现的辊缝异常变化；两侧的压下不稳定造成辊缝的跳动；

(6) 钢坯的加热温度不均匀造成的长度方向上的延伸不均匀；轧制不对中出现的轧制不稳定。

影响：由各种原因造成的较明显的波浪，矫直机很难矫直，钢板被判废的可能性很高。

预防：根据轧制规格的变化及时进行轧辊凸度的调配；改善轧辊冷却，确保热凸度的稳定；提高板坯加热质量，降低钢板的变形不均。

图11-1　典型钢板表面波浪之一

图11-2　典型钢板表面波浪之二

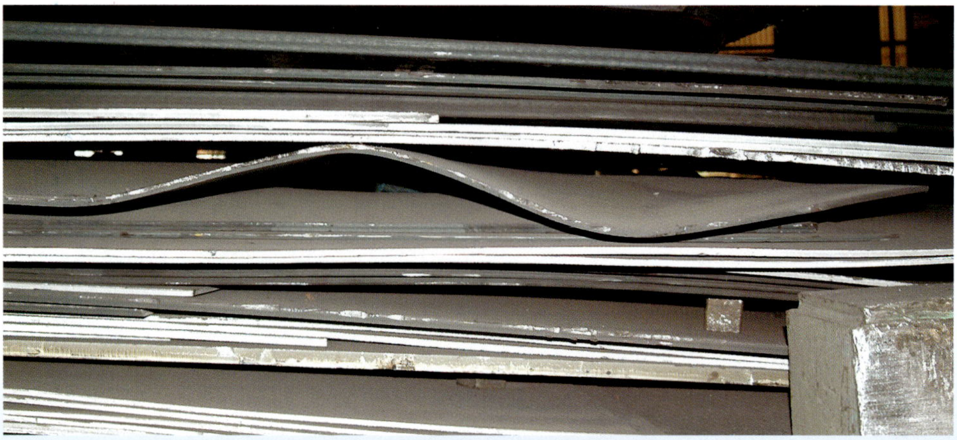

图11-3　典型钢板表面波浪之三

图11-4 典型钢板表面波浪之四

图11-5 典型钢板表面波浪之五

12 瓢曲 buckles

特征：瓢曲是钢板在长度或宽度方向出现的同一方向的弧形翘曲，其与波浪属同一性质的缺陷。实例如图12-1～图12-9所示，其中图12-6和图12-8所示为钢板横向瓢曲。严重的瓢曲呈现为两边翘起、中间凸起的船底形态，即所谓的船底形。

成因：

(1) 由于轧制过程中辊缝的不平行造成钢板的纵向延伸一侧大于另一侧；

(2) 轧辊凸度设计不合理，或轧制规格变换与辊型的匹配有明显的差异易出现横向不均匀变形；

(3) 终矫温度偏低，或给定矫直量偏小，矫直后钢板有较大的弹性恢复；

(4) 钢板在通过轧后冷却系统（淬火机组）过程中，上下面的冷却速度差别较大；

(5) 钢板在冷却时，钢板上下面的冷却条件不一致或冷却速度不均匀；

(6) 钢板堆垛时，垫块上下位置摆放不在一条直线上，出现交错。

影响：各种原因造成的较明显的瓢曲，矫直机很难矫直，钢板被判废的可能性很高。即便是通过冷矫直机，被矫直的钢板在切割后也会变形。

预防：

(1) 加强轧制过程板形控制，视轧制的具体情况调整辊型；

(2) 对强度较高的钢板要控制好终轧与终轧前的道次压下量；

(3) 冷却前的钢板要保持良好的板形，对轧后水冷的均匀性进行严格控制，确保钢板冷却均匀；

(4) 钢板在自然冷却或垛放区域时，要保持处于稳定平缓的通风对流状态；

(5) 钢板的堆垛与布局要合理，垫块的横向布置数量与纵向的点数要合理，各点垫块上下一定要垂直成一直线。

图12-1 钢板尾部瓢曲

图12-2 钢板纵向瓢曲之一

图12-3 钢板纵向瓢曲之二

图12-4　钢板纵向瓢曲之三

图12-5　钢板纵向瓢曲之四

图12−6 图12−5中瓢曲数值

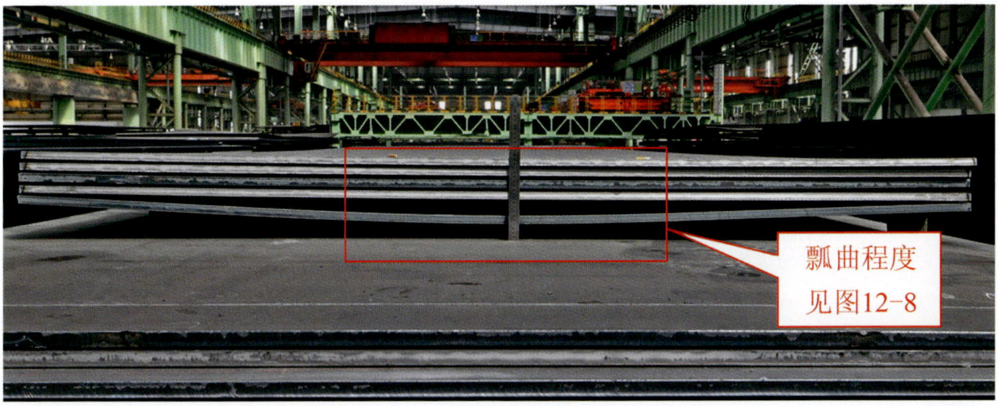

图12−7 钢板横向瓢曲之一

图12-8　图12-7中瓢曲数值

图12-9　钢板横向瓢曲之二

13　分层 lamination

特征：在剪切断面上呈现一条或多条平行的缝隙。实质上是钢板内部存在局部或整体的基本平行于钢板表面的未焊合界（层）面，破坏了钢板厚度方向的连续性，有时缝隙中有肉眼可见的夹杂物。实例如图13-1～图13-15所示，其中图13-10所示为用户在对切割加工后磁粉检测显示出的分层，图13-11所示为用户加工的钢板断口处出现的分层，图13-12所示为钢板拉伸试验时在试样缩颈断口处出现的分层，图13-13～图13-15所示为在用户加工的工件上出现的分层。

成因：

(1) 钢中的非金属夹杂物，在轧制的过程中，因塑性变形由球状变为椭圆状，最后变为片状，由于夹杂物与基体界面的结合力较弱，所以微小的应变就可使夹杂物和基体脱离，在界面上形成空洞，随着变形的进行，空洞长大、聚集，直至形成分层；

(2) 钢坯中心区域的低溶质元素富集，对含硫偏高的钢，中心偏析带内往往存在大量硫化物聚集，使钢中产生夹杂性裂纹，形成分层；

(3) 在进入轧制前钢坯内部存在裂纹、疏松、缩孔等原始缺陷，在轧制过程中，由于变形条件不合适，内部缺陷不能完全焊合，产生分层；

(4) 由于坯料中心锰等元素的偏析，在轧制水冷过程中易在中心形成硬而脆的异常组织，并在随后的工艺过程中受组织应力、温度应力或形变应力等作用，产生裂纹，导致分层。

影响：分层对钢板的质量影响，取决于分层的严重程度，如果分布得较为弥散，对钢板的性能影响较小；如果分布较为密集，且有一定的长度和明显的宽度，将导致钢板的判废。

预防：

（1）合理控制钢坯中夹杂物的数量、形状、大小和分布状态；

（2）制定合理的冶炼及连铸工艺，减少钢坯内的裂纹、疏松、缩孔等缺陷；

（3）选择合适的坯型，尽量提高压缩比。粗轧时采用高温低速大压下轧制，提高坯料内部的应力应变渗透率，增强裂纹、疏松等缺陷的焊合；

（4）尽量降低坯料的中心偏析，降低钢中锰含量，对坯料采用堆垛缓冷，采用合理的轧后冷却工艺。

图13-1　钢板剪切断面分层

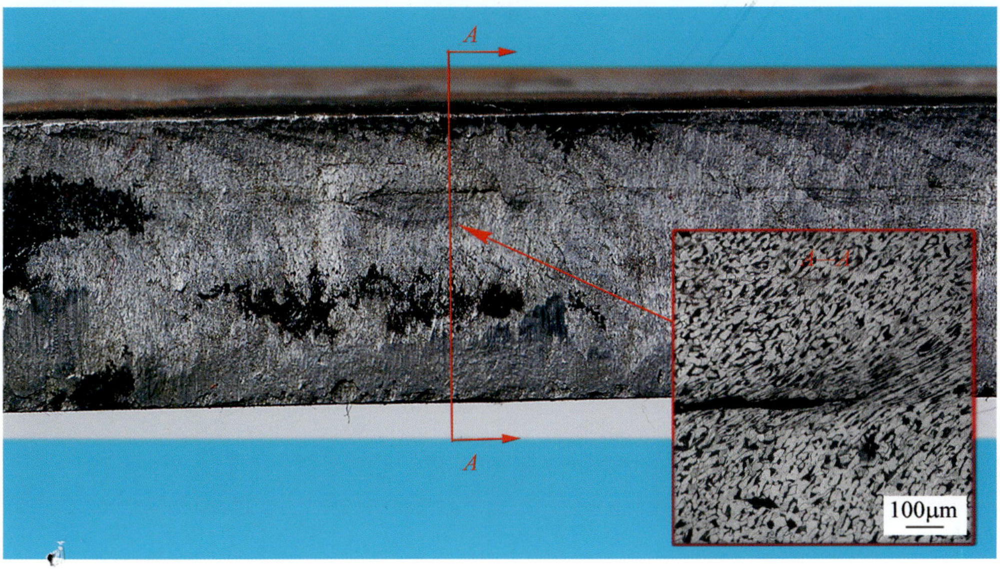

图13–2　钢板剪切断面分层及金相组织照片
（铸坯原有的微裂纹受变形条件限制未能焊合而演变为分层的形貌）

图13–3　钢板厚度断面分层之一

图13-4　钢板厚度断面分层之二

图13-5　钢板厚度断面分层之三

图13-6 钢板剪切断面分层之一

图13-7 钢板剪切断面分层之二

图13-8　钢板剪切断面分层之三

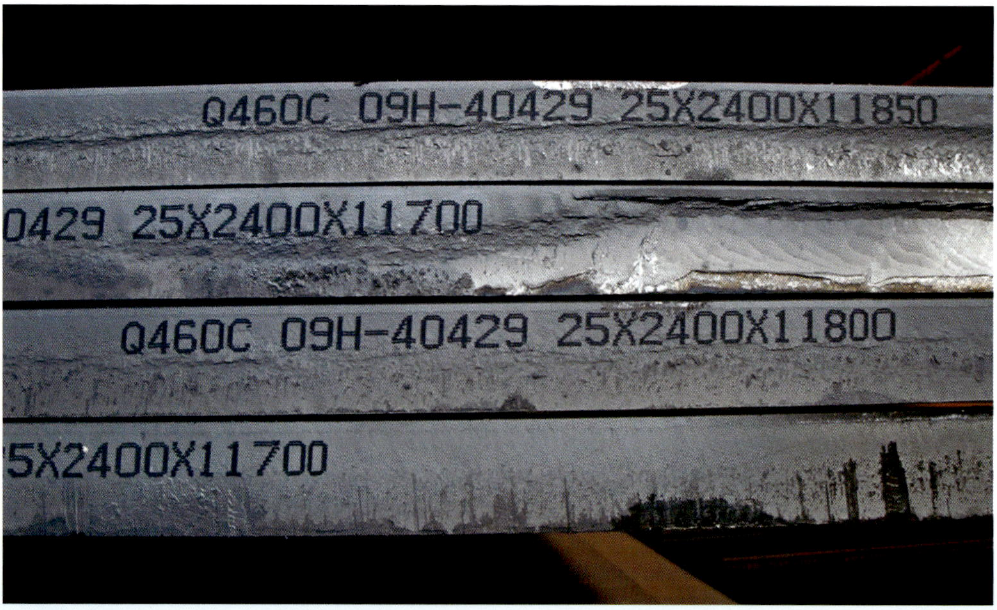

图13-9　钢板剪切断面分层之四

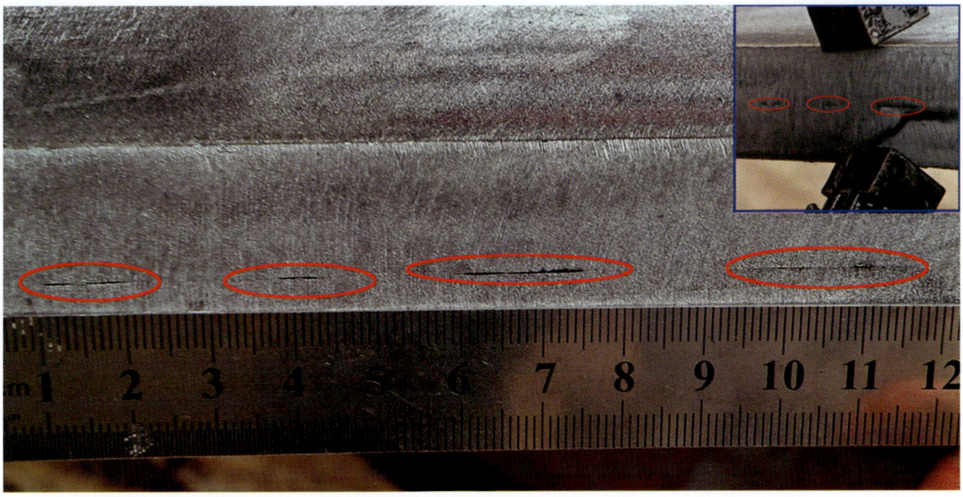

图13-10　切割后在切口经磁粉检测显示出的分层

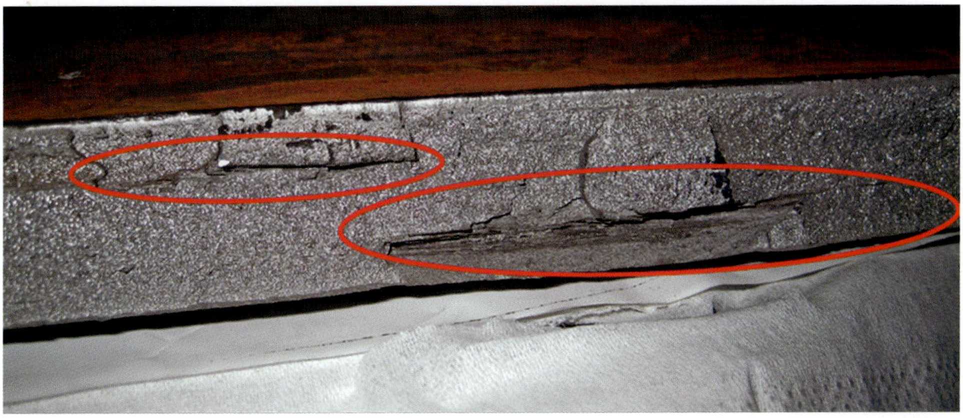

图13-11　加工的钢板断口处出现的分层

图13-12　在拉伸试样缩颈断口处出现的分层

图13-13　钢板加工成工件时出现的分层之一

图13-14　钢板加工成工件时出现的分层之二

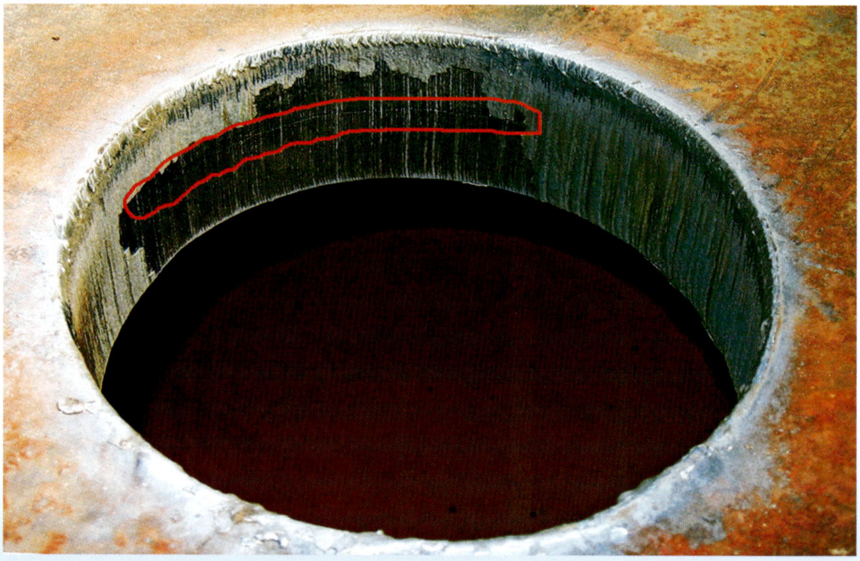

图13-15　钢板加工成工件时出现的分层之三

14　边部剪切缺陷 side shearing defect

14.1　钢板纵边剪切错口 longituinal shearing unfitness

特征：在钢板的剪切断面出现较明显的凸起或台阶，使剪切断面的平直性和连续性受到破坏。实例如图14-1～图14-5所示。

成因：由于夹送辊磨损或松动，钢板横移导板的跑偏磨损、变形，上剪刃或下剪刃松动，下剪床对正挡块磨损或松动等原因造成前后剪切时，钢板的端面不在同一直线上，剪切后在衔接处形成台阶，这种剪切缺陷称为剪切错口。

影响：影响了钢板的美观，严重时会造成钢板的改尺，增加了金属消耗。

图14-1　钢板典型纵边剪切错口缺陷之一

图14-2　钢板典型纵边剪切错口缺陷之二

图14-3　钢板典型纵边剪切错口缺陷之三

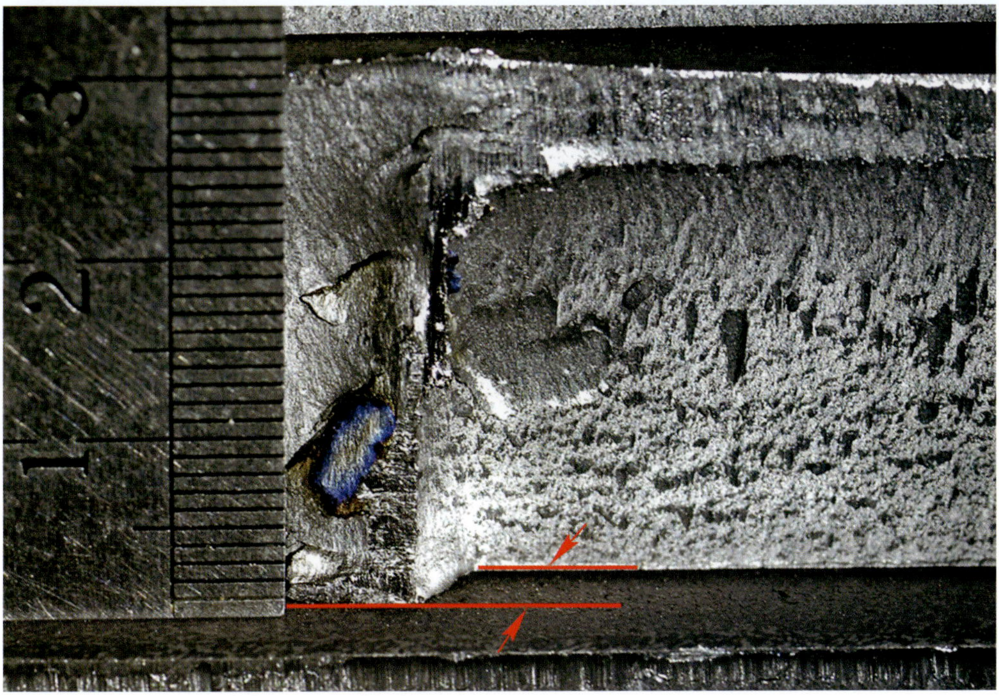

图14–4 钢板典型纵边剪切错口缺陷之四

图14–5 钢板典型纵边剪切错口缺陷之五

14.2 钢板纵边剪切坡口 shearing slope along longitudinal side

特征：钢板的纵向剪切断面与表面间的直角受到了明显的损伤或破坏，类似于钢板边部进行了不规则的“倒角”。实例如图14-6～图14-10所示，其中图14-7所示为“倒角”引起的撕裂，图14-10所示为“倒角”引起的撕裂出现的较明显局部凹陷。

成因：在钢板剪切过程中，由于钢板跑偏、剪刃间隙调整不当、滑板磨损严重等原因，造成滑块在滑道里游动偏移，钢板与上剪刃之间产生横向滑动，使上剪刃的运动方向偏离铅垂方向而向外偏移，致使剪切面呈斜坡状。

影响：影响了钢板的美观，严重时会造成钢板的改尺，增加了金属消耗。

图14-6　钢板典型纵边剪切坡口缺陷之一

图14-7　钢板典型纵边剪切坡口缺陷之二

图14-8　钢板典型纵边剪切坡口缺陷之三

图14-9　钢板典型纵边剪切坡口缺陷之四

图14-10　钢板典型纵边剪切坡口缺陷之五

14.3 切边不足 trimming cut deficiency

特征：在钢板剪切断面有显著平行于表面的裂隙或缝隙，缝隙中的物质明显不同于钢板的内部夹杂，基本上为氧化铁皮卷入。实例如图14-11～图14-16所示。

成因：钢板边部剪切量不足，使钢板边部因双鼓变形或边部层状宽展产生的缝隙或层状间隙未能切净。

影响：需正确判断与钢板分层的区别，在对钢板进行改尺或二次剪切干净后，对钢板的质量没有影响，这与钢板内部分层有着根本的区别，判定时要注意区分。

图14-11　典型钢板切边不足之一

图14-12　典型钢板切边不足之二

图14-13　典型钢板切边不足之三

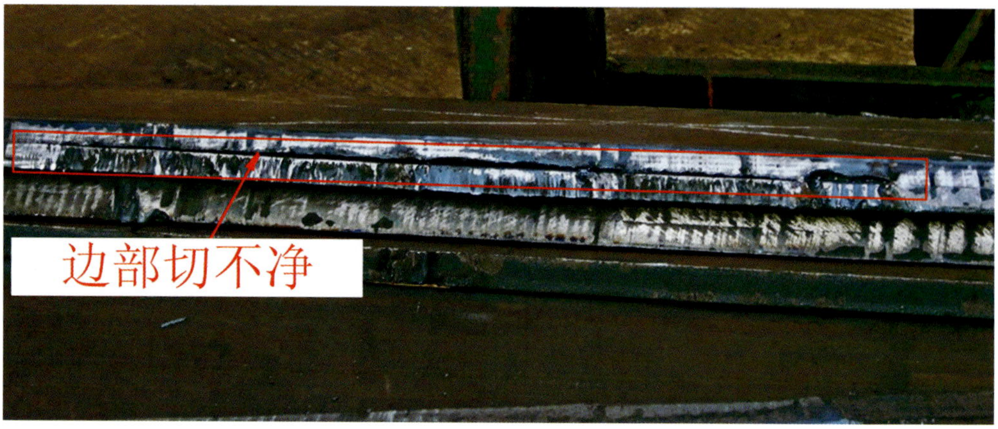

图14-14　典型钢板切边不足之四

图14-15　典型钢板切边不足之五

图14-16 典型钢板切边不足之六

14.4 剪切裂纹 shearing crack

特征：通常在钢板的剪切面与平面的交角处，沿钢板长度出现一定数量不规则的裂纹，裂纹有时集中在钢板表面，有时斜着贯穿剪切面与平面的交角。实例如图14-17～图14-20所示。

成因：

(1) 剪切温度处于钢板的“蓝脆”区温度范围（250～400℃），此温度范围内钢板变形抗力增加，塑性显著下降，剪切时钢板易出现脆裂；

(2) 剪切机的上剪刃钝化或上下剪刃之间的间隙不当，造成上剪刃下行过程中与钢板表面之间产生横向的拉应力；

(3) 钢板表面有一定程度的脱碳，降低了钢板表面的塑性；

(4) 裂纹处的组织异常或有缺陷。

影响：根据裂纹的深度而定，如果不是贯穿角部的裂纹，通常不影响钢板质量，可通过钢板的改尺去除。

图14-17　边部剪切裂纹之一

图14-18　边部剪切裂纹之二

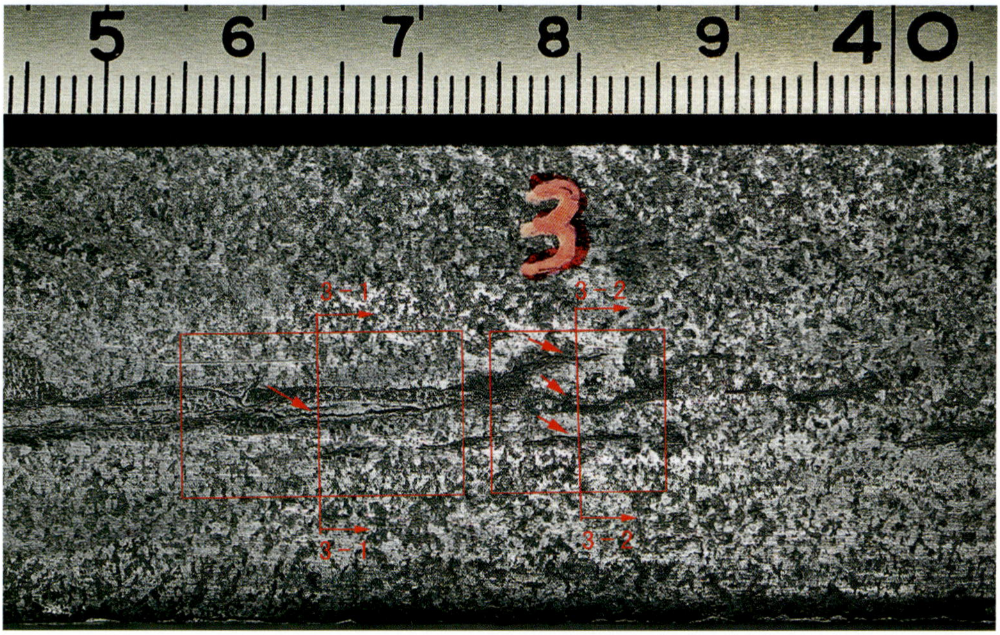

图14－19　边部剪切裂纹之三

图14－20　边部剪切切口裂纹

15 外物压入 impurity press

特征：在钢板表面存在有外来物嵌入或压入脱落后的凹痕，如螺杆、螺帽等金属物压入。实例如图15-1～图15-7所示。

成因：轧制过程中，外来物质掉落在轧件的表面，压入钢板本体，造成外来物的嵌入。

影响：外物压入会在钢板表面产生较深的凹痕或凹坑，有的会沿钢板厚度方向贯穿。视其位置，有的造成钢板的改尺，有的造成钢板的判废。

图15-1　钢板表面压入的外物

图15-2 钢板表面压入的外物脱落形成的凹痕之一

图15-3 钢板表面压入的外物脱落形成的凹痕之二

图15-4　钢板表面压入的外物脱落形成的凹痕之三

图15-5　钢板表面压入的外物脱落形成的凹痕之四

图15−6　钢板表面压入的外物脱落形成的凹痕之五

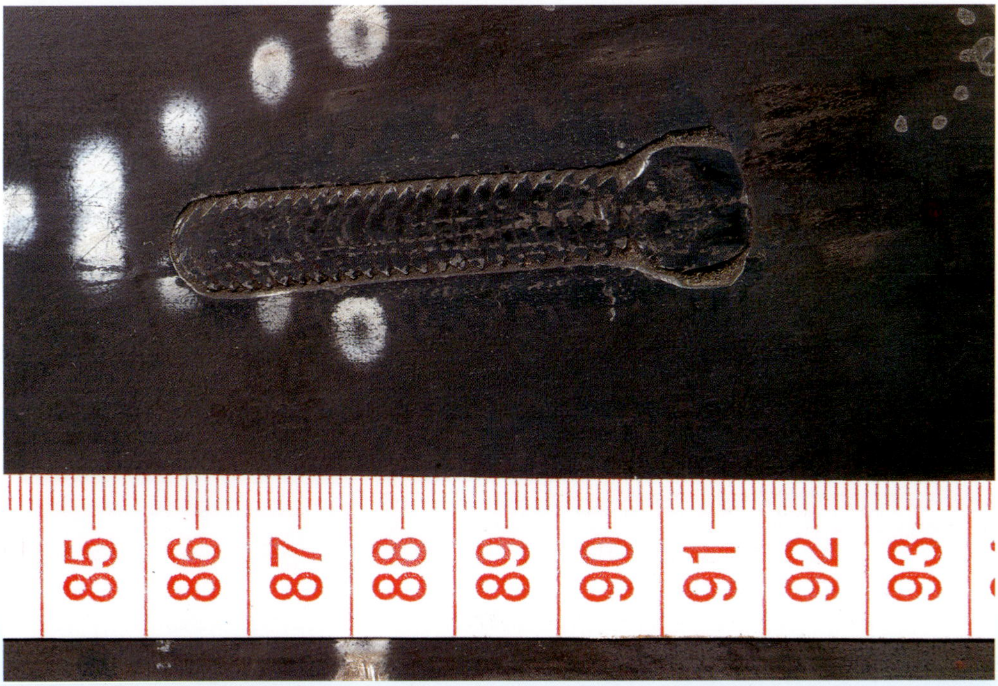

图15−7　钢板表面压入的螺杆脱落形成的凹痕

16 压伤（压痕） rolled pit

特征：在钢板表面出现不同形状和大小不一的凹痕或凹坑，有的较为集中，有的则较为分散，有的沿轧制方向呈等距分布。实例如图16-1～图16-20所示。

成因：由于轧机工作辊、矫直辊或热处理炉炉辊不均匀磨损、划伤或辊上粘附有较厚的氧化铁皮或其他外来金属的附着物，在轧制、矫直及钢板通过辊面表面异常或转动异常的辊道时，极易在钢板表面压出或划出、蹭出痕迹。图16-21～图16-24所示分别为矫直辊表面变形、矫直辊粘物出现的高点、表面磨损形成凹痕、矫直辊单侧轴承损坏后出现的单侧磨损。钢板精整堆垛时与硬物碰压，也可能形成压痕。

图16-21所示为某矫直厂家提供的矫直辊材质选用不当，加之矫直辊热处理工艺有问题，造成矫直辊表面硬度偏软，在辊面上发生流变所形成的褶皱，形成周向或径向波纹。这种波纹经不断地滚压硬化后，在矫直过程中使钢板表面形成有规律的压痕。图16-1～图16-5所示为矫直辊褶皱产生的压痕；图16-6～图16-9所示为矫直辊粘物在钢板表面上形成的压痕；图16-10所示为冷矫直机矫直辊辊面粘物在钢板表面上形成的压痕；图16-11和图16-12所示为使用圆盘剪时由于下剪刃表面粘物造成的钢板下表面边部的压痕；图16-13和图16-14所示为在轧制过程机架上部沉积板结的氧化铁皮脱落在钢板表面被压入后形成的不规则凹痕；图16-15所示为轧机前或后辊道表面粘物在钢板下表面造成的压痕；图16-16和图16-17所示为热处理炉炉辊辊面结瘤（氧化铁皮粘附）造成的钢板下表面的压痕；图16-18所示为钢板垛放时钢板之间的异物压入造成的压痕；图16-19和图16-20所示为钢板表面残留的喷丸处理钢丸在磁吊吸附或钢板的垛放压入造成的压痕。

影响：视其压痕的位置、数量、深度而定，对钢板表面质量有一定的影响。

图16-1 矫直辊褶皱在钢板表面产生的压痕之一

图16-2 矫直辊褶皱在钢板表面产生的压痕之二

图16-3 矫直辊褶皱在钢板表面产生的压痕之三

图16-4 矫直辊褶皱在钢板表面产生的压痕之四

图16-5 矫直辊褶皱在钢板表面产生的压痕之五

图16-6 矫直辊粘物在钢板表面产生的压痕之一

图16-7 矫直辊粘物在钢板表面产生的压痕之二

图16-8 矫直辊粘物在钢板表面产生的压痕之三

图16−9　矫直辊粘物在钢板表面产生的压痕之四

图16−10　冷矫直辊粘物在钢板表面产生的压痕

图16-11 圆盘剪下剪刃表面粘物造成钢板下表面边部压痕之一

图16-12 圆盘剪下剪刃表面粘物造成钢板下表面边部压痕之二

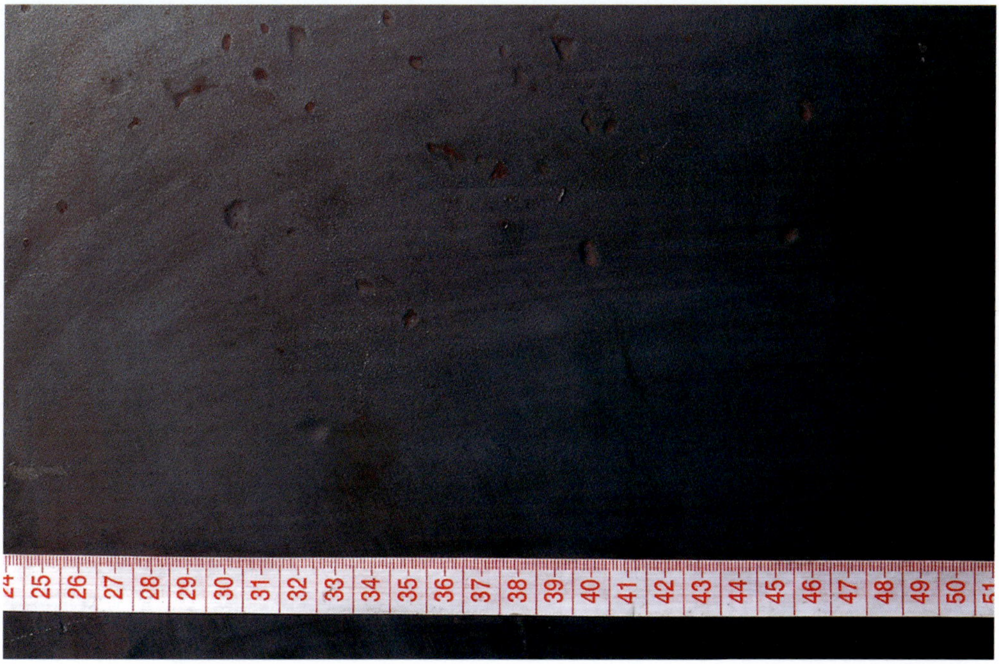

图16-13 轧制时氧化铁皮脱落在钢板表面被压入后形成的不规则凹痕之一

图16-14 轧制时氧化铁皮脱落在钢板表面被压入后形成的不规则凹痕之二

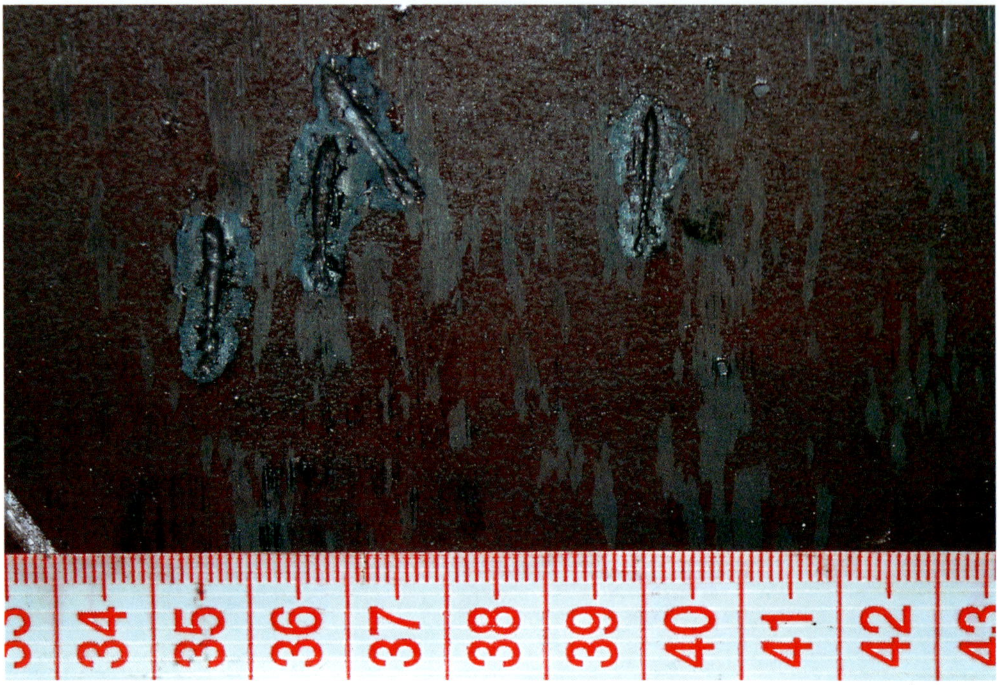

图16-15　轧机前或后辊道表面粘物在钢板下表面造成的压痕

图16-16　热处理炉炉辊辊面结瘤（氧化铁皮粘附）
造成的钢板下表面的压痕之一

图16-17　热处理炉炉辊辊面结瘤（氧化铁皮粘附）造成的钢板下表面的压痕之二

图16-18　钢板垛放时钢板之间的异物压入造成的压痕

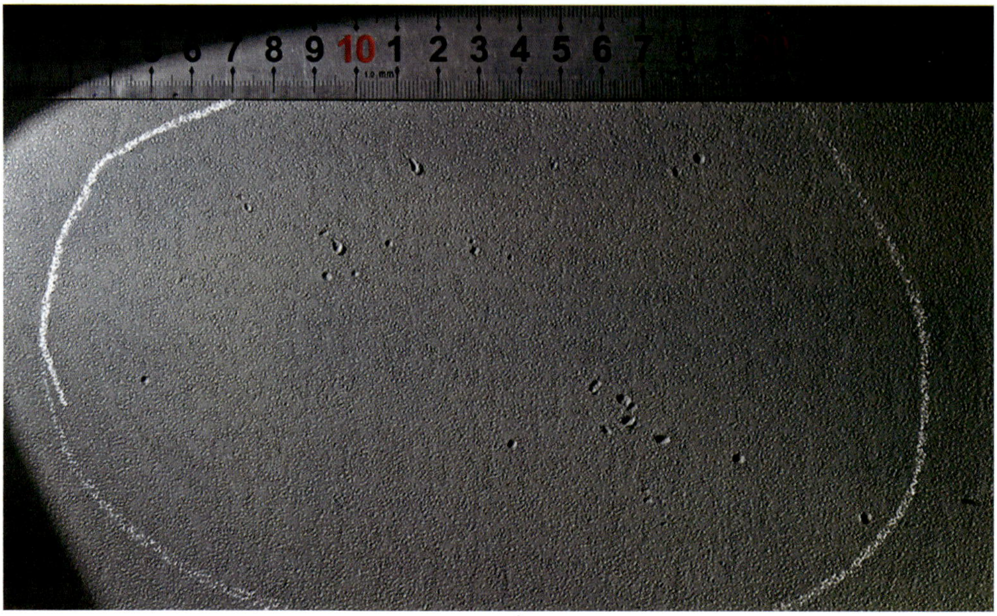

图16-19　喷丸处理钢丸在磁吊吸附或钢板的垛放压入造成的压痕之一

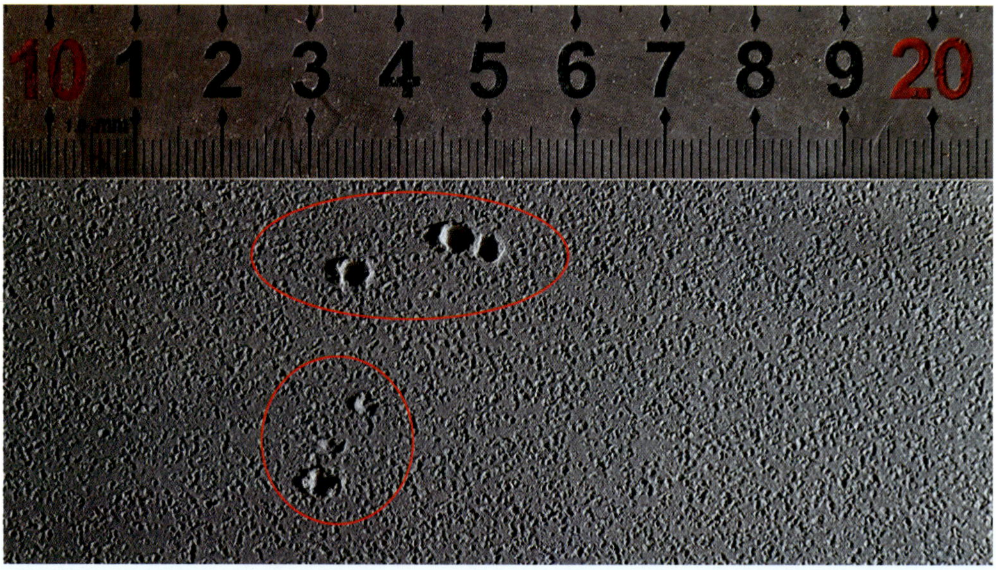

图16-20　喷丸处理钢丸在磁吊吸附或钢板的垛放压入造成的压痕之二

图16-21　辊面出现变形褶皱的矫直辊

图16-22　矫直辊粘物出现高点

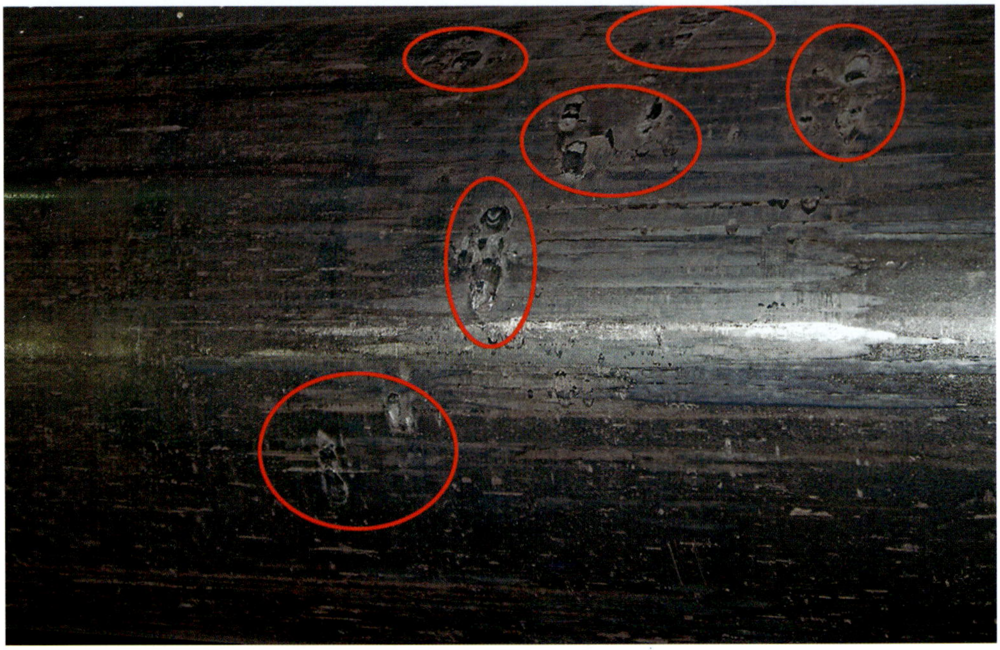

图16–23　表面磨损形成凹痕的矫直辊

图16–24　矫直辊单侧轴承损坏后出现的单侧磨损

参 考 文 献

[1] 中国金属学会．热轧、冷轧、热镀金属板带的表面缺陷图谱[J]．钢铁，2000, (4)．

[2] 孙本荣，王有铭，陈瑛．中厚钢板生产[M]．北京：冶金工业出版社，1993.

[3] 杨宗毅，于秉芳．轧钢工艺与节能技术500问[M]．石家庄：河北科技出版社，1993.

[4] 国家技术监督局．热轧钢板表面质量的一般要求[S]．北京：中国标准出版社，1994.

[5] 冶金工业部钢铁研究院．钢的表面缺陷图谱[M]．北京：冶金工业出版社，1994.

[6] 冶金报社．连续铸钢500问[M]．北京：冶金工业出版社，1994.

[7] 本书编委会．中国冶金百科全书(金属塑性加工卷)[M]．北京：冶金工业出版社，1998.

[8] 唐晓军．钢坯表面发纹的探讨[J]．南方钢铁，2000, (4):1～3.

[9] 隋然．有关钢材发纹、分层、偏析和脱碳的标准规定[J]．冶金标准化与质量，1998, (4):14～16.

[10] 蔡开科．连铸坯表面裂纹的控制[J]．鞍钢技术，2004, (3):1～8.

[11] 韩献忠，樊继铎，王立群，等．轧制中厚板防止钢板表面划伤的探讨[J]．河南冶金，2002, (10):33～39.

[12] 姜亚飞．连铸板坯轧制中板的表面缺陷[J]．钢铁，1998, (8):27～30.

[13] 宋涛，闵宏刚．热轧钢板红色氧化铁皮形成原因分析[J]．甘肃冶金，2001, (12):27～30.

[14] 苏国安．中厚板表面麻点产生原因及预防措施[J]．钢铁，1999, (10):32～33.

[15] 周红波，赵珍云，许巨川，等．25mm厚钢板产生层间撕裂的原因和防治[J]．建筑技术开发，2003, (2):61～63.

[16] 唐愈，李凯玉，张希元，等．板坯与钢板星裂问题的探讨[J]．山东冶金，2000, (12):46～49.

[17] 宋耀华，周佩，张光新，等．武钢中厚板折叠缺陷产生的原因及控制途径[J]．武钢技术，2001, (4):1～5.

[18] 冯翔宇，杨体绍，张苏云，等．中厚板材表面纵裂纹成因分析[J]．理化检验物理分册，2004, (11) : 569～572.

[19] 崔风平，孙玮，刘彦春，等．中厚板生产与质量控制[M]．北京：冶金工业出版社，2008.

[20] 左军，常军，刘勇，等．热轧钢板红锈氧化铁皮形成机制及改进措施[J]. 钢铁，2010, (10) : 84～87.

[21] 徐芗明，孙寅，陈岑，等．高锰钢板表面横向发纹缺陷成因分析及改进措施[J]．世界钢铁，2010, (5) : 63～66.

[22] 龚雅林，张炯明，甄新刚，等．中碳微合金化钢高温热延塑性的研究[J]．钢铁，2010, (6) : 67～73.

[23] 汪洪峰，姜加和，等．包晶钢连铸板坯表面质量的控制[J]．冶金丛刊，2004, (4) : 150～152.

[24] 赵和明，谢兵，李国龙．降低薄板钢表面夹杂的攻关实践[J]．炼钢，2004, (2) : 16～19.

[25] 刘洋，顾林豪，李战军，等．板坯角横裂纹在轧后钢板边部的延展行为[J]．钢铁钒钛，2010, (7) : 68～74.

[26] 黄绪传，张晖，何宜柱，等．热轧温度和变形量对含铜钢表面热裂纹的影响[J]．材料热处理技术，2010, (11) : 42～44.

[27] 杨弋．921A钢氧化铁皮形成机理及其控制研究[D]．东北大学硕士论文，2006.